Railway Operating Rules and Regulations

알기쉬운 철도차량 운전규칙

원제무 · 서은영

박영사

철도안전법은 국회에서 만드는 법률의 하나이다. 법률은 국민투표에 의한 헌법 다음으로 효력을 가진다. 다음으로 철도안전법시행령은 명령이다. 대통령이 제정한다. 시행령은 어떤 법이 있을 때 그에 대해 상세한 내용을 규율하기 위한 것으로 만들어진다.

규칙, 즉 시행규칙은 장관이 제정한다. 규칙은 시행령에서 위임된 사항과 그 시행에 필요한 사항을 정한 것이다. 따라서 철도차량운전규칙은 국토교통부장관이 한국철도공사에 필요한 규칙을 만들어 놓은 것이다. 다시 말하면 「철도안전법」 제39조의 규정에 의하여 한국철도공사(KORAIL)가 활용할 열차의 편성, 철도차량의 운전 및 신호방식 등 철도차량의 안전운행에 필요한 규칙을 만든 것이다.

이 같은 맥락에서 철도차량운전규칙은 한국철도공사(KORAIL)의 열차의 편성, 철도차량의 운전 및 신호방식 등 철도차량의 안전운행에 관한 지침서인 것이다. 이에 따라 이 책은 새롭게 개정되어 시행되고 있는 철도차량운전규칙을 하나하나 파헤쳐서 알기 쉽게 씨줄과 날줄로 엮어보려고 노력한 산물이다. 무릇 책은 독자들에게 가깝게 다가가야 하고 이해하기 쉬워야 한다. 이 책에서는 독자들을 위해 내용관련 사진과 그림을 대폭 넣으려고 최대한 노력하였다. 특히 예제와 구체적인 해설을 써줌으로써 혼자 스스로 공부하여도 충분히 학습이 가능하도록 배려하였다.

철도관련법 문제는 총 20문항이다. 현재까지 제2종철도차량운전면허시험 출제경향을 보면 철도관련법에서 12문제, 철도차량운전규칙에서 5문제, 도시철도운전규칙에서 3문제가 각각 출제되고 있는 것으로 나타났다. 이는 전체 20문제 중 무려 8문제인 40% 정도의 큰 몫이 차량운전규칙에서 출제된다는 의미이다. 따라서 저자들은 독자들이 이 책이 안내해주는 이정표대로 이해하면서 따라가다 보면 어느샌가 정상에 도달할 수 있으리라고 굳게 믿는다.

많은 독자 분들에게 이 책이 제2종철도차량운전면허시험에 당당하게 합격하는 교두보 역할을 할 수 있을 것이라는 희망과 꿈을 가져본다.

이 책을 출판해 준 박영사의 안상준 대표님이 호의를 배풀어 주신 것에 대하여 감사를 드린다. 아울러 이 책의 편집과정에서 보여준 전채린 과장님의 정성과 열정에 마음 깊이 감사를 드린다.

저자 원제무 · 서은영

차례

제1장

총칙

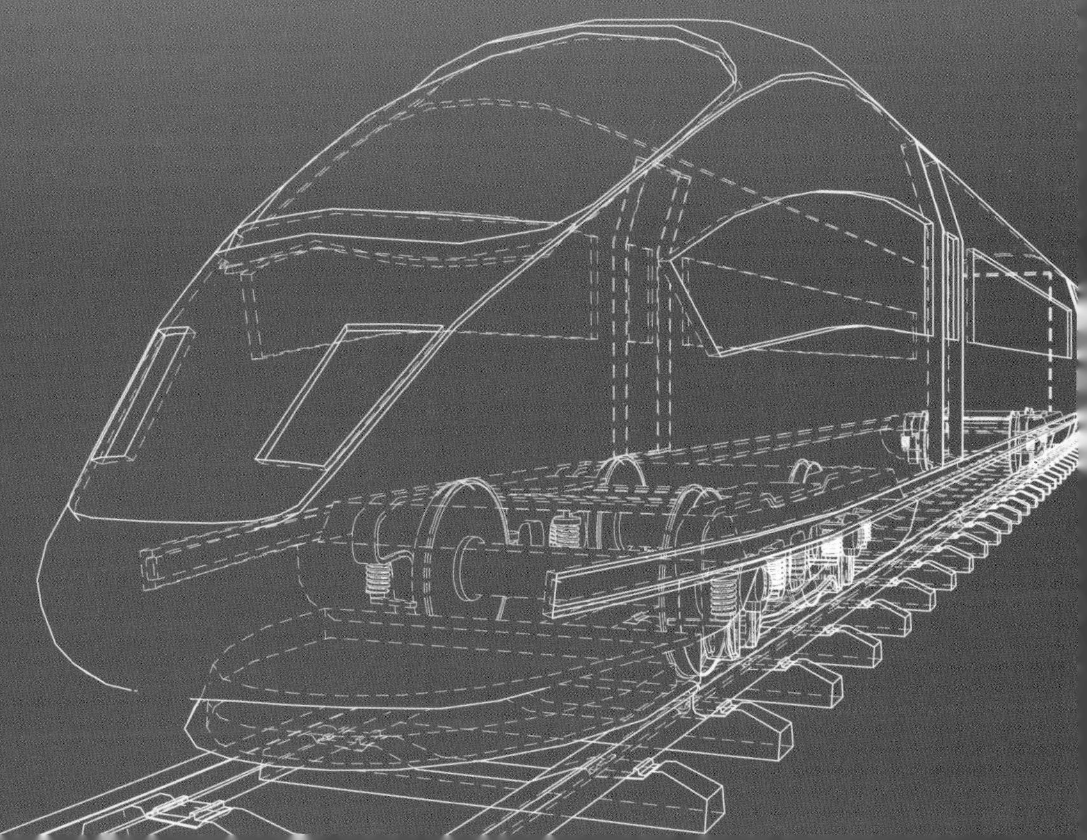

철도차량운전규칙의 법적 지위

[철도안전법과 시행령, 시행규칙, 운전규칙의 법적 위계]

철도안전법: 법률

철도안전법 시행령: 대통령 명령

철도안전법 시행규칙: 국토교통부 장관 명령

규칙: 시행령에서 위임된 사항과 그 시행에 필요한 사항을 정한다(철도차량운전규칙).

규정: 조목 별로 정해 놓은 표준(운영기관 제정)
(운전취급규정)

내규: 운영기관 내부에만 적용되는 준칙
(승무원 작업 내규)

제1장

총칙

제1조(목적)

이 규칙은 「철도안전법」 제39조의 규정에 의하여 열차의 편성, 철도차량의 운전 및 신호방식 등 철도차량의 안전운행에 관하여 필요한 사항을 정함을 목적으로 한다.

예제 **철도차량운전 규칙은 [ ] [ ]의 규정에 의하여 [ ], [ ] 등 철도차량의 [ ]에 관하여 필요한 사항을 정함을 목적으로 한다.**

정답 철도안전법, 제39조, 열차의 편성, 철도차량의 운전 및 신호방식, 안전운행

예제 **다음 설명은 무엇에 관한 내용인가?**

'열차의 편성, 철도차량의 운전 및 신호방식 등 철도차량의 안전운행에 관하여 필요한 사항을 정하는 것을 목적으로 한다.'

가. 철도안전법
나. 철도안전법 시행령
다. 철도차량 운전규칙
라. 도시철도 운전규칙

해설 철도차량운전규칙 제1조(목적): 이 규칙은 「철도안전법」 제39조의 규정에 의하여 열차의 편성, 철도차량의 운전 및 신호방식 등 철도차량의 안전운행에 관하여 필요한 사항을 정함을 목적으로 한다.

☞「철도안전법」 제39조(철도차량의 운행)
열차의 편성, 철도차량 운전 및 신호방식 등 철도차량의 안전운행에 필요한 사항은 국토교통부령으로 정한다.

제2조(정의)

이 규칙에서 사용하는 용어의 정의는 다음과 같다.

1. **"정거장"**이라 함은 여객의 승강(여객 이용시설 및 편의시설을 포함한다), 화물의 적하(積下), 열차의 조성(철도차량을 연결하거나 분리하는 작업을 말한다), 열차의 교행 또는 대피를 목적으로 사용되는 장소를 말한다.

예제 **[ ]이란 여객의 승하차(여객 이용시설 및 편의시설을 포함한다), [ ], [ ](철도차량을 연결하거나 분리하는 작업을 말한다), [ ] 또는 대피를 목적으로 사용되는 장소를 말한다.**

정답 정거장, 화물의 적하, 열차의 조성, 열차의 교행

[정거장]

부산도시철도, 사상 · 하단선 정거장, 레일뉴스

정거장: 네이버 포스트

[정거장 대피시설 및 열차의 교차통행]

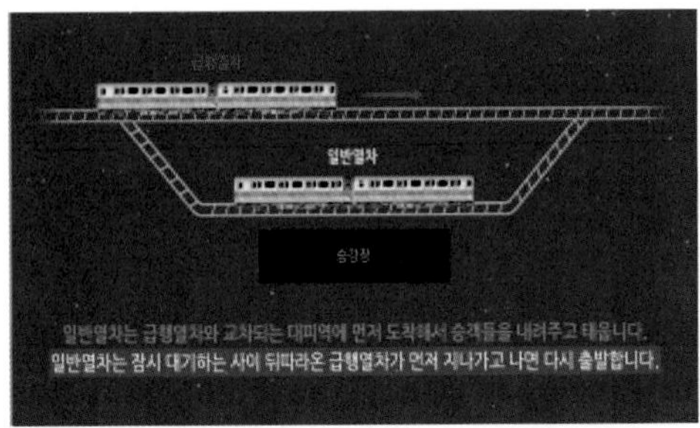

9호선 정거장 열차대피시설, 9호선 웹진

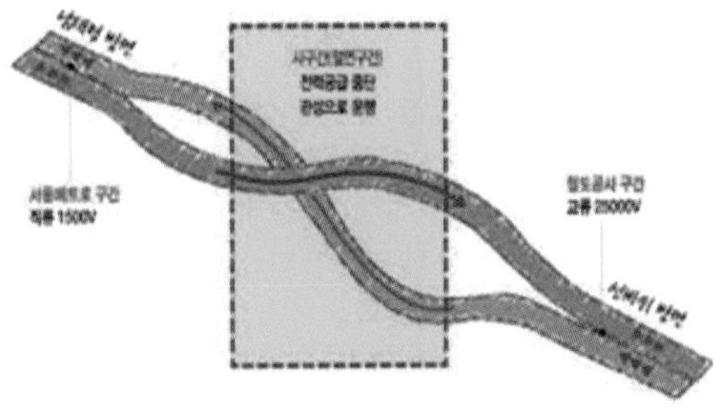
4호선과 과천선 교차통행, 리브레위키

열차교행이 무슨뜻이죠?

열차가 교차하여 진행하며, 복선선로에서 상행선과 하행선 열차가 주행하면서 서로 비켜 달리는 통행방식이다.

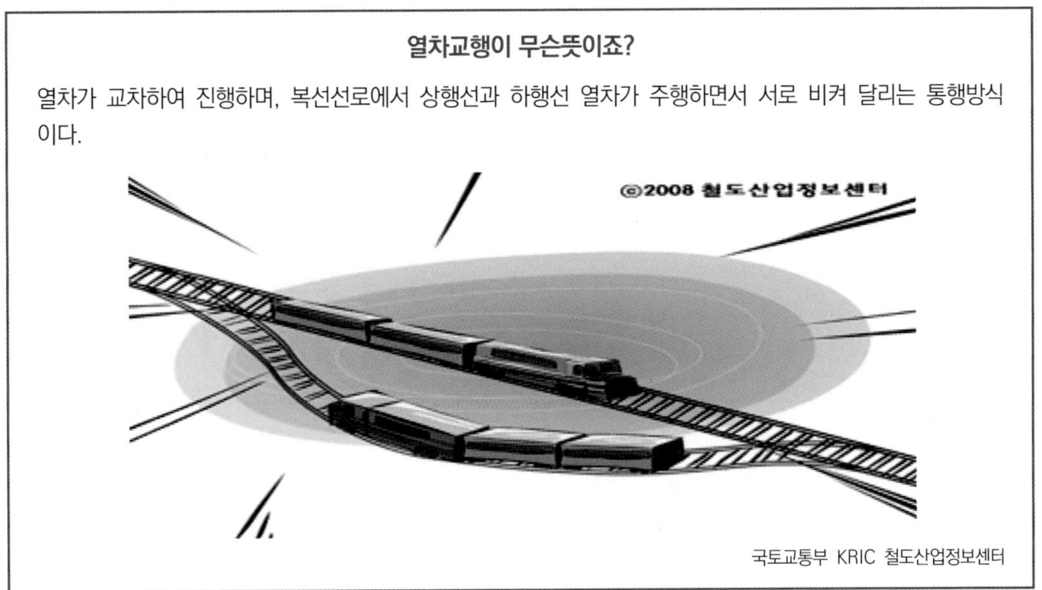

국토교통부 KRIC 철도산업정보센터

2. **"본선"**이라 함은 열차의 운전에 상용하는 선로를 말한다.

예제 **"본선"이라 함은 열차의 운전에 [ ]하는 [ ]를 말한다.**

정답 상용, 선로

3. **"측선"**이라 함은 본선이 아닌 선로를 말한다.

예제 "측선"이라 함은 [ ]이 아닌 [ ]를 말한다.

정답 본선, 선로

■ 본선

열차의 운전에 상용하는 선로

■ 측선

본선이 아닌 선로

본선이 아닌 것 측선을 부본선이라고도 함.

- 복선: 상선 하선이 있으면 복선
- 단선: 하나의 선로만 있으면 단선

본선에서 입고선으로 실수로 들어가지 않도록 안전측선(중앙)이 설치되어 있고, 역시 출고선에서 본선에 실수로 들어가지 않게 안전측선(우측)이 설치되어 있음을 알 수 있다 [출처] 작성자 한우진

선로전환기의 정반위 결정법

본선과 본선 측선과 측선 → 주요한 방향	수인선 경부선
단선 상하본선 → 열차가 진입하는 방향	
본선 측선 → 본선의 방향	측선 본선
본선-측선 안전측선 → 안전측선 방향	안전측선
탈선전환기 → 탈선시키는 방향	탈선선로전환기

4. **"철도차량"**이라 함은 동력차, 객차, 화차 및 특수차(제설차, 궤도시험차, 전기시험차, 사고구원차 그 밖에 특별한 구조 또는 설비를 갖춘 철도차량을 말한다)를 말한다.

예제 **"철도차량"이라 함은 [　　　], [　　　], [　　　] 및 [　　　](제설차, 궤도시험차, 전기시험차, 사고구원차 그 밖에 특별한 구조 또는 설비를 갖춘 철도차량을 말한다)를 말한다.**

정답 동력차, 객차, 화차, 특수차

[철도차량]

123RF

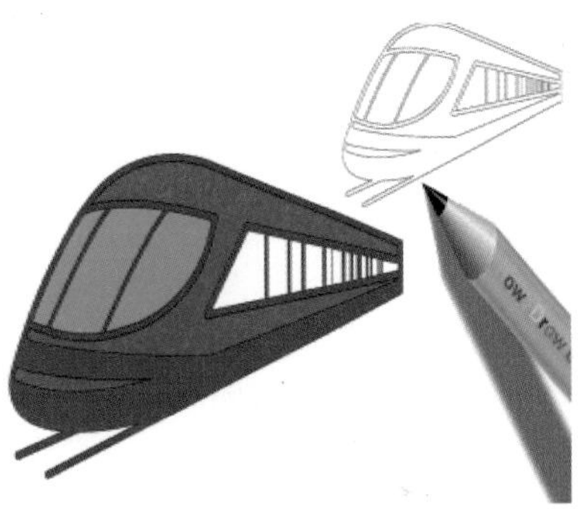

YouTube

[철도차량(동력차, 객차, 화차, 특수차)]

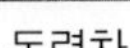

동력차

객차

화차

특수차

4. 철도차량(모든 차량)

동력차 · 객차 · 화차 및 특수차(제설차, 궤도시험차, 전기시험차, 구원차)

5. 열차

본선을 운전할 목적으로 조성된 철도 차량

6. 차량

1량의 철도 차량

예제 **다음 중 철도차량의 종류에 해당하지 않는 것은?**

가. 특수차
나. 화차
다. 객차
라. 기관차

해설 철도차량운전규칙 제2조(정의) 제4호 "철도차량"이라 함은 동력차 · 객차 · 화차 및 특수차(제설차, 궤도시험차, 전기시험차, 사고구원차 그 밖에 특별한 구조 또는 설비를 갖춘 철도차량을 말한다)를 말한다.

5. **"열차"**라 함은 본선을 운행할 목적으로 조성된 철도차량을 말한다.

예제 **"열차"라 함은 [ ]을 운행할 목적으로 [ ]된 철도차량을 말한다.**

정답 본선, 조성

[열차]

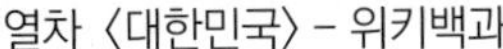

열차 〈대한민국〉 - 위키백과

수소열차, 동아사이언스 - 동아일보

6. **"차량"**이라 함은 열차의 구성부분이 되는 1량의 철도차량을 말한다.

예제 **"차량"이라 함은 [　　　]의 [　　　　]이 되는 [　　　]의 철도차량을 말한다.**

정답 열차, 구성부분, 1량

예제 **다음 중 괄호 안에 들어갈 단어를 차례대로 바르게 나열한 것은?**

"(　　　　)"라 함은 기관차(機關車), 전동차(電動車), 동차(動車) 등 동력발생장치에 의하여 선로를 이동하는 것을 목적으로 제조한 철도차량을 말한다. "(　　　　)"이라 함은 열차의 구성부분이 되는 1량의 철도차량을 말한다.

가. 동력차, 차량
나. 전동차, 차량
다. 완급차, 차량
라. 열차, 차량

해설 철도차량운전규칙 제2조(정의) 제6호: "차량"이라 함은 열차의 구성부분이 되는 1량의 철도차량을 말한다. 제16호 "동력차"라 함은 기관차(機關車), 전동차(電動車), 동차(動車) 등 동력발생장치에 의하여 선로를 이동하는 것을 목적으로 제조한 철도차량을 말한다.

7. **"전차선로"**라 함은 전차선 및 이를 지지하는 공작물을 말한다.

예제 **"전차선로"라 함은 [ ] 및 이를 [ ]하는 [ ]을 말한다.**

정답 전차선, 지지, 공작물

[전차선로]

"전차선로"라 함은 전차선1 및 이를 지지하는 공작물 전기철도에서 전차 또는 전기기관차에 전기를 공급하기 위해 집전장치에 직접 접촉하는 전선

전차선

전차선은 전철, 기차에 전원공급용 가공선으로 사용되는 제품

조가선

조가선은 가공 전차선이 처지지 않도록 같은 높이로 수평하게 유지시켜주는 역할. 아연도금이 된 강철재로 되어 있으며 드로퍼(dropper), 행거(hanger)를 이용하여 전차선을 지탱

급전선

30~50km단위로 전차선에 전력을 공급

드로퍼

전차선 하중을 지지하고 수평을 유지시켜 철도차량의 운행시 팬터그래프를 통한 안정적 전력공급이 가능하도록 유지하여 주는 장치

8. **"완급차(緩急車)"**라 함은 관통제동기용 제동통, 압력계, 차장변(車掌弁) 및 수(手)제동기를 장치한 차량으로서 열차승무원이 집무할 수 있는 차실이 설비된 객차 또는 화차를 말한다.

예제 **"완급차"라 함은 [ ], [ ], [ ] 및 [ ]를 장치한 차량으로서 열차승무원이 집무할 수 있는 차실이 설비된 객차 또는 화차를 말한다.**

정답 관통제동기용 제동통, 압력계, 차장변, 수제동기

[완급차]

완급차: 공기제동 등과 같은 관통제동이 보급되기 이전에 열차의 제동력을 보완하기 위해 연결되는 제동장치를 탑재한 업무용 차량을 의미한다. 과거에는 기술의 부족으로 각 차량에 일괄 동작되는 제동장치가 탑재되지 못했기 때문에 사람에 의해서 취급되는 수제동기에 의존해야 했다. 이걸 취급하기 위한 탑승자가 첨승할 수 있는 공간이 별도로 필요했다.(리브레 위키 검색)

예제 **다음은 철도차량운전규칙에서 완급차에 대한 구비조건으로 맞는 것을 모두 고르시오.**

ㄱ, 관통제동기용 압력계
ㄴ, 관통제동기용 제동통
ㄷ, 관통제동기용 수제동기
ㄹ, 관통제동기용 차장변

가. ㄱ, ㄴ, ㄷ
나. ㄴ, ㄷ, ㄹ
다. ㄱ, ㄴ, ㄹ
라. ㄱ, ㄴ, ㄷ, ㄹ

해설 철도차량운전규칙 제2조(정의) 제8호 "완급차(緩急車)"라 함은 관통제동기용 제동통 · 압력계 · 차장변(車掌弁) 및 수(手)제동기를 장치한 차량으로서 열차승무원이 집무할 수 있는 차실이 설비된 객차 또는 화차를 말한다.

9. **"철도신호"**라 함은 제76조의 규정에 의한 신호,·전호(傳號) 및 표지를 말한다.

예제 **"철도신호"라 함은 [ ], [ ] 및 [ ]를 말한다.**

정답 신호, 전호, 표지

[철도신호]

"철도신호"라 함은 제76조의 규정에 의한 신호·전호(傳號) 및 표지를 말한다.

- 신호: 모양, 색, 소리 등으로 열차나 차량에 대하여 운행조건을 지시하는 것
- 전호: 모양, 색, 소리 등으로 관계직원 상호간의 의사표시를 하는 것
- 표지: 모양, 색 등으로 물체의 위치, 방향 조건 등을 표시하는 것

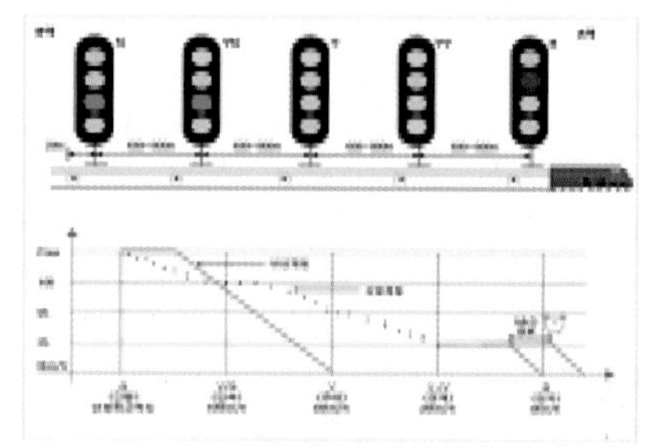

신호

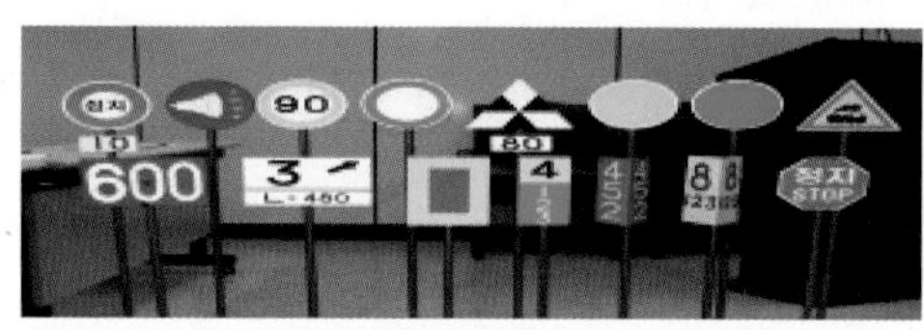

표지(기척올려라, 시속90km로 가라)

전호(전호기: 두손 높이 들면 정지)

10. **"진행지시신호"**라 함은 진행신호, 감속신호, 주의신호, 경계신호, 유도신호 및 차내신호(정지신호를 제외한다) 등 차량의 진행을 지시하는 신호를 말한다.

예제 **"진행지시신호"라 함은 [ ], [ ], [ ], [ ], [ ] 및 [ ](정지신호를 제외한다) 등 차량의 진행을 지시하는 신호를 말한다.**

정답 진행신호, 감속신호, 주의신호, 경계신호, 유도신호, 차내신호

[진행지시 신호]

"진행정지 신호"라 함은 진행신호 · 감속신호 · 주의신호 · 경계신호 · 유도신호 및 차내신호(정지신호를 제외한다) 등 차량의 진행을 지시하는 신호

5. 진행신호(G): 허용속도 범위 내에서 운행
4. 감속신호(YG): 속도 좀 줄여라! 서울교통공사 65km, KORAIL경부선 85km(설치하지 않은 곳도 있다)
3. 주의신호(Y): 노란등 하나, 주의해서 가라! 45km/h 속도
2. 경계신호(YY): 더욱 조심해서 가라! 25km/h 속도, 바로 앞에 차가 있으면 경계신호준수
1. 정지신호

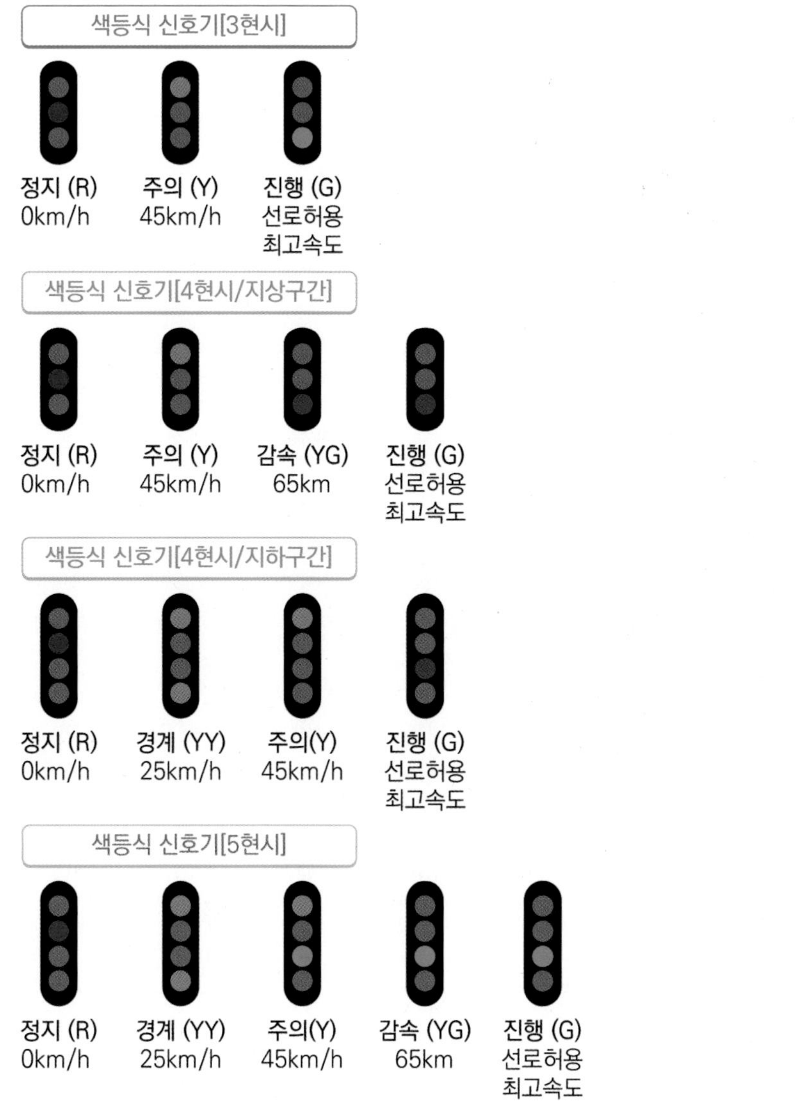

11. **"폐색"**이라 함은 일정 구간에 동시에 2 이상의 열차를 운전시키지 아니하기 위하여 그 구간을 하나의 열차의 운전에만 점용시키는 것을 말한다.

예제 **"폐색"이라 함은 일정 구간에 [ ]의 열차를 운전시키지 아니하기 위하여 그 구간을 [ ]의 운전에만 [ ]시키는 것을 말한다.**

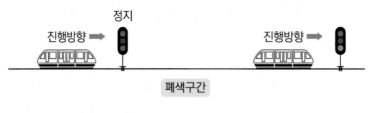

정답 동시에 2 이상, 하나의 열차, 점용

[폐색구간]

정지

진행방향 ➡ 진행방향 ➡

폐색구간

철도차량의 폐색 구간

진행 진행 감속 정지 정지 진행

[폐색]

"폐색"이라 함은 일정 구간에 동시에 2이상의 열차를 운전시키지 아니하기 위하여 그 구간을 하나의 열차의 운전에만 점용(전용)시키는 것을 말한다.
예를 들어서 5현시 신호를 채택하는 구간에서 특정 폐색구간에 열차가 진입하여 폐색을 점유하게 되면 그 바로 뒤의 신호는 정지신호(R)를, 그 바로 뒤는 경계(YY)를 현시하게 된다. 그리고 그 다음부터는 각각 차례대로 제한(Y), 주의(YG), 진행(G)을 현시하게 된다. 각 신호에는 적정한 지정속도가 부여되어 있으며, 이에 따라 기관사는 제동을 실시하여 열차 간의 간격을 유지하여 안전을 확보하는 것이다.

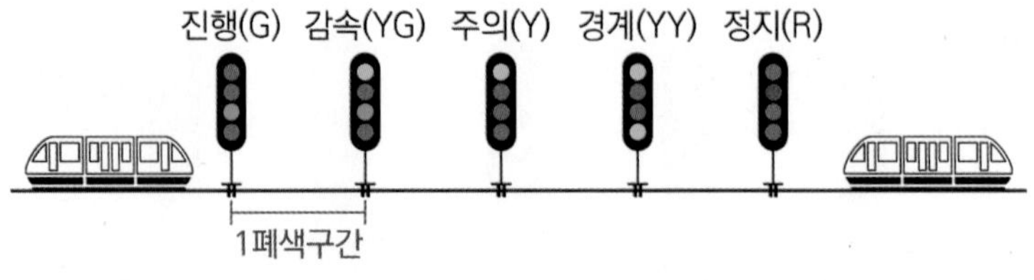

예제 **철도차량운전규칙 용어의 정의로 맞는 것은?**

가. "조차장(操車場)"이라 함은 열차의 입환 또는 차량의 조성을 위하여 사용되는 장소를 말한다.

나. "차량"이란 선로에서 운행하는 열차 외의 전동차 · 궤도시험차 · 전기시험차 등을 말한다.

다. "구내운전"이라 함은 정거장내 또는 차량기지 내에서 입환신호에 의하여 열차 또는 차량을 운전하는 것을 말한다.

라. "폐색"이란 본선의 일정구간에 하나의 열차를 동시에 운전시키지 아니하는 것을 말한다.

해설 "차량"이라 함은 열차의 구성 부분이 되는 1량의 철도 차량을 말한다.
"폐색"이라 함은 일정 구간에 동시에 2 이상의 열차를 운전시키지 아니하기 위하여 그 구간을 하나의 열차의 운전에만 점용시키는 것을 말한다.

12. **"구내운전"**이라 함은 정거장내 또는 차량기지 내에서 입환신호에 의하여 열차 또는 차량을 운전하는 것을 말한다.

예제 **구내운전이라 함은 [ ] 또는 [ ]에서 [ ]에 의하여 열차 또는 차량을 운전하는 것을 말한다.**

정답 정거장 내, 차량기지 내, 입환신호

[차량기지내 구내운전]

차량기지-리브레 위키

구로차량기지 전경(출처namu.wiki)
출처: 광명시민신문(http://www.kmtimes.net)

[입환신호기]

입환신호기라 불리는 정거장 내나 차량기지 등에서 열차의 조성(한 열차에 연결된 객차나 화자)작업 등에 주로 사용된다. 다른 상치신호기에 비해 크기가 작다.

네이버 블로그-NAVER

용산역 중앙선(경원선) 도착승강장(2번 승강장) 맨 앞에서 찍은 입환신호기처: https://samsuk.tistory.com/308

예제 **다음 설명이 설명하는 운전방식으로 알맞은 것은?**

'(　　　　　)이라 함은 정거장 내 또는 차량기지 내에서 입환신호에 의하여 열차 또는 차량을 운전하는 것을 말한다.'

가. 입환운전　　　　**나. 구내운전**

다. 연결운전　　　　라. 기지운전

해설 철도차량운전규칙 제2조(정의) 제12호 "구내운전"이라 함은 정거장내 또는 차량기지 내에서 입환신호에 의하여 열차 또는 차량을 운전하는 것을 말한다.

예제 **철도차량운전규칙의 용어 설명으로 잘못된 것은?**

가. 구내운전: 정거장내 또는 차량기지에서 입환전호에 의하여 열차 또는 차량을 운전하는 것을 말한다.

나. 철도차량: 동력차, 객차, 화차 및 특수차를 말한다.

다. 동력차: 기관차, 전동차, 동차 등 동력발생장치에 의하여 선로를 이동하는 것을 목적으로 제조한 철도차량을 말한다.

라. 위험물: 철도안전법 제 44조제 1항의 규정에 의한 위험물을 말한다.

해설 철도차량운전규칙 제2조(정의) 제12호 "구내운전"이라 함은 정거장내 또는 차량기지 내에서 입환신호에 의하여 열차 또는 차량을 운전하는 것을 말한다.

예제 **다음 중 철도차량운전규칙에서 정의하는 용어에 관한 설명으로 틀린 것은?**

가. "정거장"이라 함은 여객의 승하차, 화물의 적하, 열차의 편성, 열차의 교차통행 또는 대피를 목적으로 사용되는 장소를 말한다.

나. "철도차량"이라 함은 동력차 · 객차 · 화차 및 특수차(제설차, 궤도시험차, 전기시험차, 사고구원차 그 밖에 특별한 구조 또는 설비를 갖춘 철도차량)를 말한다.

다. "구내운전"이라 함은 정거장 내 또는 차량기지 내에서 입환신호에 의하여 열차 또는 차량을 운전하는 것을 말한다.

라. "진행지시신호"라 함은 진행신호 · 감속신호 · 주의신호 · 경계신호 · 유도신호 및 차내신호(정지신호는 제외) 등 차량의 진행을 지시하는 신호를 말한다.

해설 철도차량운전규칙 제3조(정의) 제12: "정거장"이라 함은 여객의 승강, 화물의 적하, 열차의 조성, 열차의 교행 또는 대피를 목적으로 사용되는 장소를 말한다.

13. **"입환(入換)"**이라 함은 사람의 힘에 의하거나 동력차를 사용하여 차량을 이동 · 연결 또는 분리하는 작업을 말한다.

예제 **"입환"이라 함은 [ ]에 의하거나 동력차를 사용하여 차량을 [ ] 또는 [ ]하는 작업을 말한다.**

정답 사람의 힘, 이동 · 연결, 분리

12. 구내 운전

- 정거장 내 또는 차량기지 내에서 입환신호에 의해 열차 또는 차량을 운전하는 것

13. 입환

- 사람의 힘에 의하거나 동력차를 사용하여 차량을 이동, 연결, 분리하는 작업
- 차량기지 등에서 왔다갔다하는 작업 구내 운전 내에 입환이 이루어짐

[돌방입환]
기관차로 차량을 움직이는 도중에 차를 분리하여 입환하는 방식을 의미한다. 즉 화차를 관성이나 중력을 이용해 굴려서 입환하는 행위이다. 매우 위험한 입환 방법이기 때문에 제한하고 있다. 실제로, 한국철도공사의 내부 규정에서는 돌방입환은 지정된 역에서 할 수 있도록 규제하고 있다.

차량기지

돌방입환

[조성과 입환]

조성(열차의 조성)
철도 수송 목적에 맞도록 연결 순서 변경, 새로운 차량 연결 또는 사고 차를 분리해서 열차를 꾸미는(열차를 붙였다가 분리했다가)작업

입환(차량 입환)
열차의 조정을 위해 차량을 연결, 분리, 또는 전선 등을 하는 작업(왔다 갔다, 차량 기지에서 6번 선에 있던 차량을 9번 선에 옮겨 놓는다든가 하는 작업)
- 사람의 힘에 의하거나 동력차를 사용하여 차량을 이동, 연결, 분리하는 작업

예제 **열차는 운전방향의 맨 앞 차량의 운전실에서 운전하여야 한다. 예외의 경우로 틀린 것은?**

가. 철도종사자가 차량의 맨 앞에서 전호를 하는 경우로서 그 전호에 의하여 열차를 운전하는 경우

나. 공사열차를 운전하는 경우

다. 특수차량을 운전하는 경우

라. 정거장과 그 정거장 외의 본선 도중에서 분기하는 측선과의 사이를 운전하는 경우

해설 철도차량운전규칙 제13조(열차의 운전위치): '특수차량을 운전하는 경우'는 예외의 경우에 해당되지 않는다.

예제 **다음 중 보기의 괄호 안에 들어갈 단어로 맞는 것은?**

'(　　): 사람의 힘에 의하거나 동력차를 사용하여 차량을 이동 · 연결 또는 분리하는 작업'

가. 인력입환　　**나. 입환**

다. 포링입환　　라. 돌방입환

해설 철도차량운전규칙 제2조(정의) 제13호 "입환(入換)"이라 함은 사람의 힘에 의하거나 동력차를 사용하여 차량을 이동 · 연결 또는 분리하는 작업을 말한다.

14. **"조차장(操車場)"**이라 함은 차량의 입환 또는 열차의 조성을 위하여 사용되는 장소를 말한다.

예제 **"조차장(操車場)"이라 함은 차량의 [　　] 또는 열차의 [　　]을 위하여 사용되는 장소를 말한다.**

정답 입환, 조성

[조차장]

동양 최대 규모의 조차장, 제천조차장
[코레일/제천/조차장/돌방입환]: 네이버 블로그

조차장-리브레 위키

예제 **철도차량운전규칙에서 용어의 정의로 맞는 것은?**

가. "시계운전"이란 안개가 심하게 끼어 주의운전하는 것을 말한다.

나. "정거장"이란 여객의 승차·하차, 열차의 편성, 차량의 입환(入換)을 위한 장소를 말한다.

다. "조차장"이라 함은 차량의 입환 또는 열차의 조성을 위하여 사용되는 장소를 말한다.

라. "신호장"이란 상치신호기 등 열차제어시스템을 조작·취급하기 위하여 설치한 장소를 말한다.

해설 철도차량운전규칙 제2조(정의) 제14호 "조차장(操車場)"이라 함은 차량의 입환 또는 열차의 조성을 위하여 사용되는 장소를 말한다.

15. **"신호소"**라 함은 상치신호기 등 열차제어시스템을 조작 · 취급하기 위하여 설치한 장소를 말한다.

예제 **신호소라 함은 [ ] 등 [ ]을 조작·취급하기 위하여 설치한 장소를 말한다.**

정답 상치신호기, 열차제어시스템

[신호소(Signal Box)]

- 상치신호기 등 열차제어시스템을 조작 · 취급하기 위하여 설치한 장소(조소와 유사)
  - 상치신호기는 늘 그 자리에 있는 신호기. 내리막 어느 지점, 커브 어느 지점, 경사지 어느 지점 등 과학적으로 정해져 있다.
  - 임시신호기는 신호기를 들고 가서 작업하는 장소 부근 50cm 전방에 설치한다. 작업이 끝나면 철거한다.
- 수동, 반자동 신호기를 취급하는 장소

예제 **다음 중 상치신호기 등 열차제어시스템을 조작 · 취급하기 위하여 설치한 장소를 말하는 것은?**

가. 신호소 나. 신호장

다. 조차장 라. 정거장

해설 철도차량운전규칙 제2조(정의) 제15호 "신호소"라 함은 상치신호기 등 열차제어시스템을 조작 · 취급하기 위하여 설치한 장소를 말한다.

[신호소]

용강신호소-네이버 블로그

19세기 영국의 신호소

강릉선 청량신호소 구내 KTX 탈선사고 조사결과 공표, TGN서울

16. **"동력차"**라 함은 기관차(機關車), 전동차(電動車), 동차(動車) 등 동력발생장치에 의하여 선로를 이동하는 것을 목적으로 제조한 철도차량을 말한다.

예제 **"동력차"라 함은 [　　　], [　　　], [　　] 등 동력발생장치에 의하여 선로를 이동하는 것을 목적으로 제조한 철도차량을 말한다.**

정답 기관차, 전동차, 동차,

16. 동력차

기관차(機關車), 전동차(電動車), 동차(動車) 등 동력발생장치에 의하여 선로를 이동하는 것을 목적으로 제조한 철도차량

- 기관차: 동력이 집중된 차량(적은 수의 차량 또는 40~50대 차량을 끌고 가기도 한다.)
- 동차(전기를 쓰는 전동차): 동력이 분산된 차량

기관차

전동차

동차: 한국철도공사 무궁화호 디젤 동차(NDC).jpg-위키백과

17. **"위험물"**이라 함은 「철도안전법」 제44조제1항의 규정에 의한 위험물을 말한다.

☞ 「철도안전법」 제44조(위험물의 운송)

① 대통령령으로 정하는 위험물을 철도로 운송하려는 철도운영자는 국토교통부령으로 정하는 바에 따라 운송 중의 위험 방지 및 인명(人命)보호를 위하여 안전하게 포장 · 적재하고 운송하여야 한다.

17. 위험물

「철도안전법」 제44조 제1항의 규정에 의한 위험물

철도안전법 제44조 대통령령으로 정하는 위험물

1. 철도운송 중 폭발할 우려가 있는 것
2. 마찰 · 충격 · 흡습(吸濕) 등 주위의 상황으로 인하여 발화할 우려가 있는 것
3. 인화성 · 산화성 등이 강하여 그 물질 자체의 성질에 따라 발화할 우려가 있는 것
4. 용기가 파손될 경우 내용물이 누출되어 철도차량 · 레일 · 기구 또는 다른 화물 등을 부식시키거나 침해할 우려가 있는 것
5. 유독성가스를 발생시킬 우려가 있는 것
6. 그 밖에 화물의 성질상 철도시설 · 철도차량 · 철도종사자 · 여객 등에 위해나 손상을 끼칠 우려가 있는 것

시험문제

제43(위험물의 탁송 및 운송금지)

누구든지 점화류, 또는 점폭약류를 붙인 폭약, 니트로글리세린, 건조한 기폭약, 뇌홍질화연에 속하는 것 등 대통령령으로 정하는 위험물을 탁송할 수 없다.

제42조(위해 물품의 휴대 금지)

① 누구든지 무기, 화학류, 유해화학물질 또는 인화성이 높은물질 등 공중(公衆)이나 여객에게 위해를 끼칠 우려가 있는 물건 또는 물질(이하"위해물품"이라 한다)을 휴대하거나 적재(摘載)할 수 없다.

18. **"무인운전"**이란 사람이 열차 안에서 직접 운전하지 아니하고 관제실에서의 원격조종에 따라 열차가 자동으로 운행되는 방식을 말한다.

예제 **"무인운전" 이란 사람이 [ ]에서 [ ]하지 아니하고 [ ]에서의 [ ]에 따라 열차가 [ ]으로 운행되는 방식을 말한다.**

정답 열차 안, 직접운전, 관제실, 원격조종, 자동

[무인운전지하철]

중도일보-인천지하철 2호선 '무인 운전대'

18. 무인운전

사람이 열차 안에서 직접 운전하지 아니하고 관제실에서의 원격조종에 따라 열차가 자동으로 운행되는 방식(우이 경전철, 의정부, 신분당선)

운전 모드의 종류

- Yard 모드: 기지 모드(기지 안에서만 시속 25km 이하로 운전)
  - 제한적 수동운전(Restricted Manual Operation)
  - 전적으로 운전자가 ATP 허용최대속도 준수 점검

  ※ 신호별 2개뿐(노란불 가고, 빨간불 서고(파란불 없다)) 들판에서 운전한다.
- MCS모드: 감시수동 열차운전(Supervised Manual Train Operation)
  - 운전실 표시에 따라 운전자가 직접 열차 운전
  - ATP가 지속적으로 수동 운전 감시

  ※ 앞차와 뒤차의 간격을 조정
- ATO모드: 자동열차운전(Automatic Train Operation)
  - ATP가 모든 단계에서 자동 운행의 안전을 보장
  - 역에서 역까지 ATO가 자동으로 열차를 운전 운행 시간표에 따라 역에서 역까지 이동이 자동으로 제어

  ※ 관제사가 만지지 않는다. 앞차와의 간격도 ATO가 알아서 다 조정한다.

제3조(적용범위)

철도에서의 철도차량의 운행에 관하여는 다른 법령에 특별한 규정이 있는 경우를 제외하고는 이 규칙이 정하는 바에 의한다.

제4조(업무규정의 제정)

① 철도운영자 및 철도시설관리자(이하 "철도운영자등"이라 한다)는 이 규칙에서 정하지 아니한 사항이나 지역별로 상이한 사항 등 열차운행의 안전관리 및 운영에 필요한 세부기준 및 절차를 이 규칙의 범위 안에서 따로 정할 수 있다.

② 철도운영자등은 철도운영자등이 관리하는 구간이 서로 다른 구간에서 열차를 계속하여 운행하고자 하는 경우에는 다른 철도운영자 등과 사전에 협의하여야 한다.

제5조(철도운영자등의 책무)

철도운영자등은 열차 또는 차량을 운행함에 있어 철도사고를 예방하고 여객과 화물을 안전하고 원활하게 운송할 수 있도록 필요한 조치를 하여야 한다.

제6조(교육 및 훈련 등)

① 철도운영자등은 철도종사자에 대하여 「철도안전법」 등 관계법령에 따라 필요한 교육을 실시하여야 하고, 해당 철도종사자가 해당 업무 수행에 필요한 지식과 기능을 보유한 것을 확인한 후 해당 업무를 수행

제5조(철도운영자등의 책무)

철도운영자등은 열차 또는 차량을 운행함에 있어 철도사고를 예방하고 여객과 화물을 안전하고 원활하게 운송할 수 이도록 필요한 조치를 하여야 한다.

제6조(교육 및 훈련 등)

① 철도운영자등은 철도종사자에 대하여 「철도안전법」 등 관계법령에 따라 필요한 교육을 실시하여야 하고 해당철도 종사자가 해당 업무 수행에 필요한 지식과 기능을 보유한 것을 확인한 후 해당 업무를 수행

코레일은 태백역 열차사고와 관련, 관광열차 관할 지역본부장과 기관차승무사업소장, 지도운용팀장, 기관사 등 4명을 사고복구 직후 직위해제했다.

예제 **철도운영자가 철도종사자에 대한 교육을 실시하지 않아도 되는 직원으로 틀린 것은?**

가. 철도차량운전업무에 종사하는 자(운전업무보조자를 제외한다)

나. 정거장에서 신호와 선로전환기 또는 조작판을 취급하는 자

다. 정거장에서 열차의 출발, 도착에 관한 업무를 수행하는 자

라. 열차에 승무하여 제동장치의 조작을 하는 자

해설 철도차량운전규칙 제6조(교육 및 훈련 등) 제1항: 철도차량운전업무에 종사하는 자(운전업무보조자를 포함한다)

예제 **다음 중 철도운영자가 철도종사자에 대한 교육을 실시하지 않아도 되는 철도종사자는?**

가. 철도차량운전업무에 종사하는 자(운전업무보조자 포함)

나. 정거장에서 역무 서비스를 제공하는 자

다. 무인운전 되는 열차의 운행을 관제하는 자

라. 정거장에서 신호와 선로전환기 또는 조작판을 취급하는 자

해설 철도차량운전규칙 제6조(교육 및 훈련 등) 정거장에서 역무 서비스를 제공하는 자는 철도운영자의 철도종사자에 대한 교육대상자가 아니다.

제2장

철도종사자

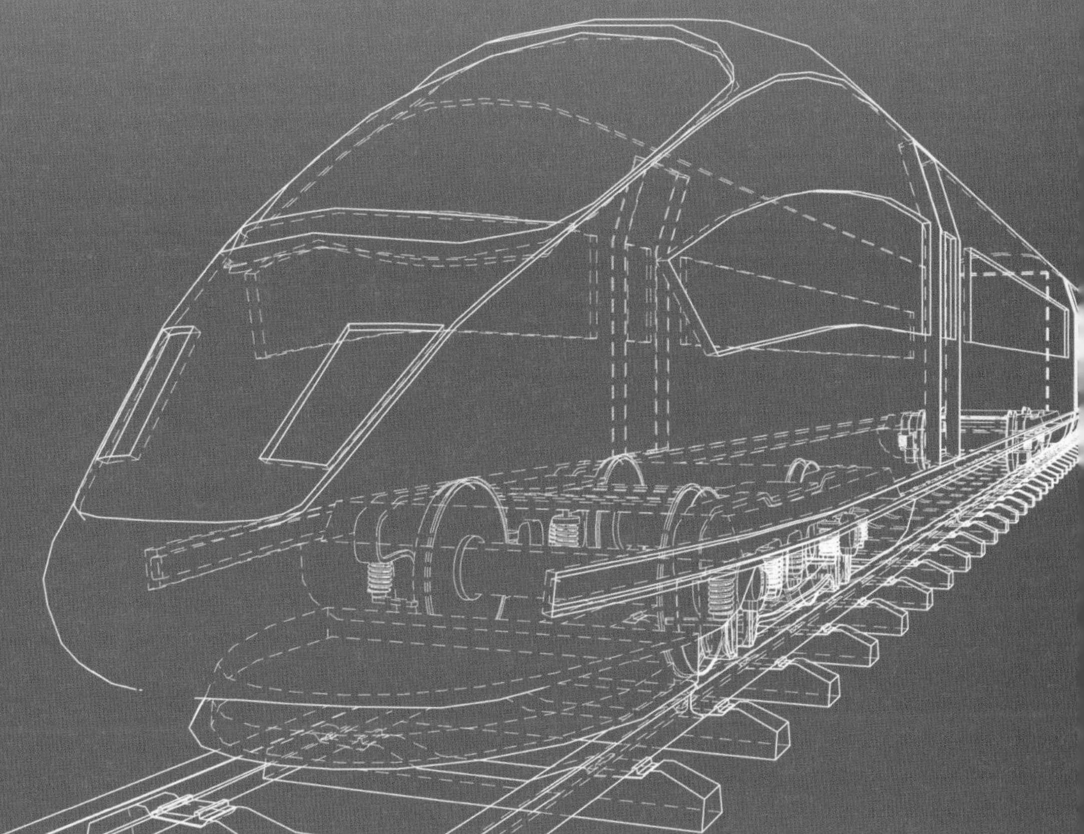

철도종사자

[철도종사자]

1. 철도차량 운전 업무에 종사하는자(운전업무 보조자(2인 1조로서 차장은 안내방송 등 보조 역할)를 포함한다)
2. 열차에 승무하여 열차의 방호, 제동장치의 조작 또는 각종 전호를 취급하는 업무를 수행하는 자
3. 정거장에서 신호와 선로전환기 또는 조작판을 취급하는 자
4. 정거장에서 철도차량을 연결 · 분리하는 업무를 수행하는 자
5. 정거장에서 열차의 출발 · 도착에 관한 업무를 수행하는 자(정류장 안에 차량이 여러 대 있으면 못 들어오게 한다)
6. 무인운전되는 열차의 운행을 관제하는 사람

※ 철도안전법과 관련 없는 종사자
1.여객승무
2.열차 정비(차량기지에서)
3.작업 감독 하는 사람

열차의 방호
정거장 외의 선로에서 열차가 정차한 경우 및 선로 또는 전차선로에 열차의 정차를 요하는 철도사고가 발생한 경우에 진행하여 오는 열차를 정차시키기 위한 조치

전호
모양, 색 또는 소리 등으로서 직원상호간의 상대자에 대하여 의사를 표시

무인운전
사람이 없이 자동으로 원격조정 장치로 하는 운전

제6조(교육 및 훈련 등)

① 철도운영자등은 다음 각 호의 어느 하나에 해당하는 자에 대하여 「철도안전법」 등 관계 법령에 따라 필요한 교육을 실시하여야 하고, 해당 철도종사자가 해당 업무 수행에 필요한 지식과 기능을 보유한 것을 확인한 후 해당업무를 수행하도록 하여야 한다.

1. 철도차량운전업무에 종사하는 자(운전업무보조자를 포함한다)
2. 열차에 승무하여 열차의 방호, 제동장치의 조작 또는 각종 전호를 취급하는 업무를 수행하는 자
3. 정거장에서 신호와 선로전환기 또는 조작판을 취급하는 자
4. 정거장에서 철도차량을 연결·분리하는 업무를 수행하는 자
5. 정거장에서 열차의 출발·도착에 관한 업무를 수행하는 자
6. 무인운전되는 열차의 운행을 관제하는 사람(이하 "무인운전 관제업무종사자"라 한다)

예제 **다음 철도차량 운전규칙에서 관계법령에 따라 필요한 교육을 받아야하는 철도 종사자에 관한 것으로 틀린 것은?**

가. 철도차량운전업무에 종사하는 자
나. 열차에 승무하여 열차의 방호, 제동장치의 조작 또는 각종 전호를 취급하는 업무를 수행하는 자
다. 정거장에서 철도차량을 연결· 분리하는 업무를 수행하는 자
라. 철도선로보수 및 정비 업무에 종사하는 자

해설 철도차량운전규칙 제6조(교육 및 훈련등): 철도선로보수 및 정비 업무에 종사하는 자는 철도차량 운전규칙에서 관계법령에 따라 필요한 교육을 받아야 하는 철도 종사자가 아니다.

② 철도운영자등은 철도차량운전업무에 종사하는 자(운전업무보조자를 포함한다), 열차에 승무하여 열차의 방호(防護), 제동장치의 조작 등 철도차량의 운전과 관련된 업무를 수행하는 자 등이 철도차량에 탑승하기 전 또는 철도차량의 운행중에 필요한 사항에 대한 보고·지시 또는 감독 등을 적절히 수행할 수 있도록 안전관리체제를 갖추어야 한다.

③ 철도운영자등은 제2항의 규정에 의한 업무를 수행하는 자가 과로 등으로 인하여 당해 업무를 적절히 수행하기 어렵다고 판단되는 경우에는 그 업무를 수행하도록 하여서는 아니된다.

[제6조 교육 및 훈련]

② 철도운영자등은 철도차량운전업무에 종사하는 자(운전업무보조자를 포함한다), 열차에 승무하여 열차의 방호(防護), 제동장치의 조작 등 철도차량의 운전과 관련된 업무를 수행하는 자 등이 철도 차량에 탑승하기 전 또는 청도차량의 운행 중에 필요한 사항에 대한 보고 · 지시 또는 감독 등을 적절히 수행할 수 있도록 안전관리체제(비상대응절차(철도안전법 참조))를 갖추어야 한다.

③ 철도운영자등은 제2항의 규정에 의한 업물를 수행하는 자가 과로(음주) 등으로 인하여 당해 업무를 적절히 수행하기 어렵다고 판단되는 경우에는 그 업무를 수행하도록 하여서는 아니된다(국토교통부 장관 대신한 감사단이 정기 감사나 수시 감사 나와 점검).

예제 **철도 운영자 등은 다음 철도종사자에 대하여 철도안전법 등 관계법령에 따라 필요한 교육을 실시하여야 하고, 해당 철도종사자가 해당업무 수행에 필요한 지식과 기능을 보유한 것을 확인한 후 해당업무를 수행하도록 하여야 한다. 이에 해당하지 않는 자는?**

가. 무인운전 되는 열차의 운행을 관제하는 사람

나. 정거장에서 역무서비스를 제공하는 자

다. 열차에 승무하여 열차의 방호, 제동장치의 조작 또는 각종 전호를 취급하는 업무를 수행하는 자

라. 정거장에서 신호와 선로전환기 또는 조작판을 취급하는 자

해설 철도차량운전규칙 제6조(교육 및 훈련 등): 정거장에서 역무서비스를 제공하는 자'는 해당되지 않는다.

제7조(열차에 탑승하여야 하는 철도종사자)

① 열차에는 철도차량운전자와 열차에 승무하여 여객에 대한 안내, 열차의 방호, 제동장치의 조작 또는 각종 전호를 취급하는 업무를 수행하는 자를 탑승시켜야 한다. 다만, 당해 선로의 상태, 열차에 연결되는 차량의 종류, 철도차량의 구조 및 장치의 수준 등을 고려할 때 열차운행의 안전에 지장이 없다고 인정되는 경우에는 철도차량운전자외의 다른 철도종사자를 탑승시키지 아니하거나 인원을 조정할 수 있다.

예제 **열차에는 철도차량운전자와 열차에 [ ]하여 여객에 대한 안내, [ ], [ ] 또는 [ ]하는 업무를 수행하는 자를 탑승시켜야 한다**

정답 승무, 열차의 방호, 제동장치의 조작, 각종 전호를 취급

② 제1항에도 불구하고 무인운전의 경우에는 철도차량운전자를 탑승시키지 아니한다.

[제7조 열차에 탑승하여야 하는 철도종사자]

① 열차에는 철도차량운전자와 열차에 승무하여 여객에 대한 안내(차장), 열차의 방호, 제동장치의 조작 또는 각종 전호를 취급하는 업무를 수행하는 자를 탑승시켜야 한다. 다만, 당해 선로의 상태, 열차에 연결되는 차량의 종류, 철도차량의 구조 및 장치의 수준 등을 고려할 때 열차운행의 안전에 지장이 없다고 인정되는 경우에는 철도차량운전사(기관사) 외의 다른 철도종사자를 탑승시키지 아니하거나 인원을 조정할 수 있다.

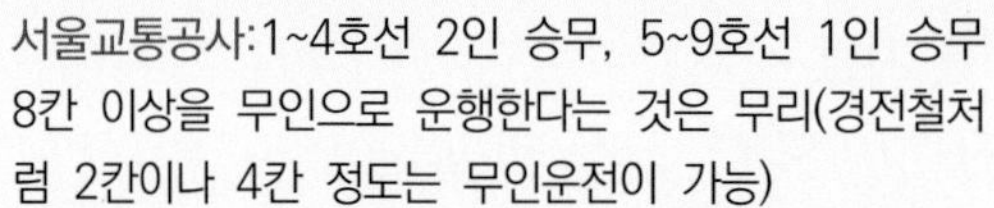

서울교통공사:1~4호선 2인 승무, 5~9호선 1인 승무 8칸 이상을 무인으로 운행한다는 것은 무리(경전철처럼 2칸이나 4칸 정도는 무인운전이 가능)

② 제1항에도 불구하고 무인운전의 경우에는 철도차량운전자를 탑승시키지 아니한다.

대구지하철3호선 무인운전-중앙일보

예제 **다음 중 열차에 탑승하여야 하는 철도종사자의 업무로 맞지 않는 것은?**

가. 열차의 방호 업무

나. 제동장치의 조작 업무

다. 여객에 대한 안내 업무

라. 선로의 상태 확인 업무

해설 철도차량운전규칙 제7조(열차에 탑승하여야 하는 철도종사자) 제1항: 선로의 상태 확인 업무는 열차에 탑승하여야 하는 철도종사자의 업무로 맞지 않는다.

제3장

적재제한 등

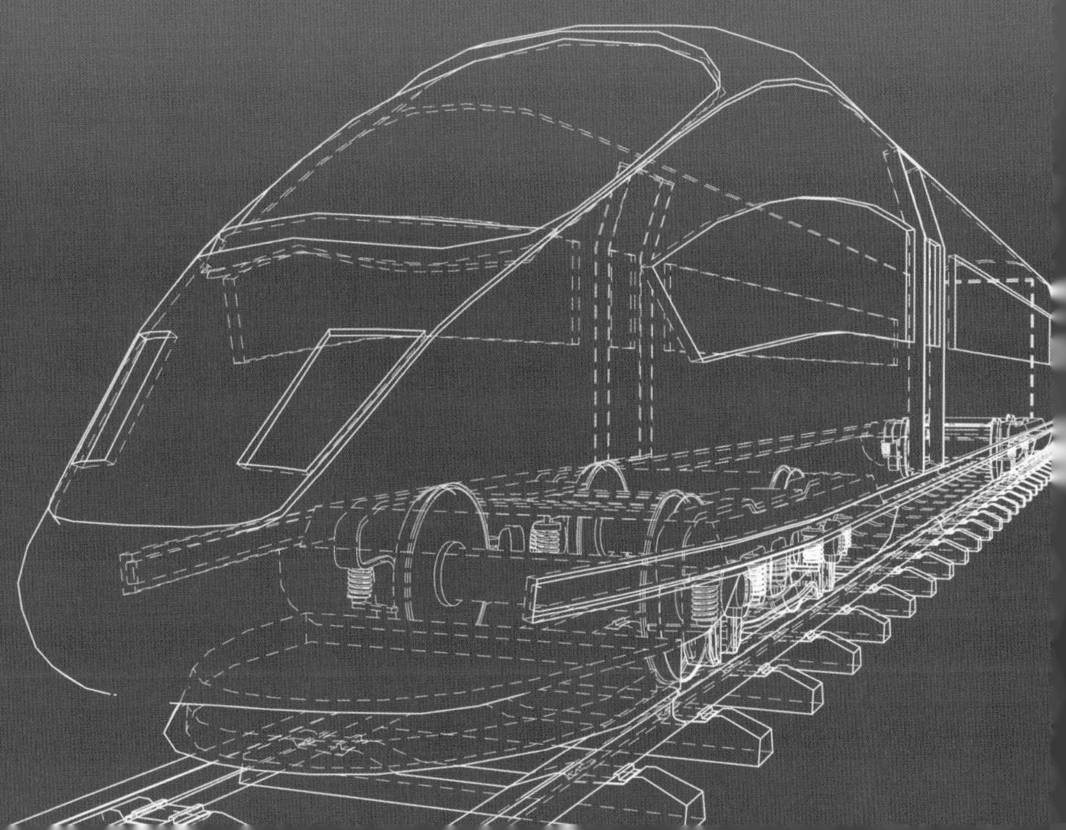

적재제한 등

제8조(차량의 적재 제한 등)

① 차량에 화물을 적재할 경우에는 차량의 구조와 설계강도 등을 고려하여 허용할 수 있는 최대적재량을 초과하지 아니하도록 하여야 한다.

② 차량에 화물을 적재할 경우에는 중량의 부담이 균등히 되도록 하여야 하며, 운전 중의 흔들림으로 인하여 무너지거나 넘어질 우려가 없도록 하여야 한다.

③ 차량에는 철도차량의 길이와 너비 및 높이의 한계(이하 "차량한계"라 한다)를 초과하여 화물을 적재·운송하여서는 아니된다. 다만, 열차의 안전운행에 필요한 조치를 하고 차량한계 및 건축한계(차량이 안전하게 운행될 수 있도록 궤도상에 설정한 일정한 공간을 말한다)를 초과하는 화물(이하 "특대화물"이라 한다)을 운송하는 경우에는 차량한계를 초과하여 화물을 운송할 수 있다.

예제 **차량에 화물을 [ ]할 경우에는 [ ]와 [ ] 등을 고려하여 허용할 수 있는 [ ]을 초과하지 아니하도록 하여야 한다.**

정답 적재, 차량의 구조, 설계강도, 최대적재량

예제 열차의 안전운행에 필요한 조치를 하고 화물을 운송하는 경우에는 [   ]를 초과하여 화물을 운송할 수 있다.

정답 차량한계

[제8조 차량의 적재 제한 등]

① 차량의 구조와 설계 강도 등을 고려 최대 적재 중량 초과 금지(차량 하나에 싣는 경우)
② 충량 부담 균등(좌우, 앞뒤 차이가 나면 안됨)운전중의 흔들리거나 넘어질 우려가 없도록 조치
③ 차량의 길이, 너비, 높이의 한계 초과 금지
(단) 부득이 차량한계 및 건축한계 초과 화물 운송할 때 (특대화물)운송 시→차량한계 초과한 것은 운송이 가능(터널 없는 구간에 한해서는 특대 화물을 실어 운송할 수도 있다)

※ 차량한계를 초과한 것은 운송할 수 있고, 건축한계 초과한 것은 운송할 수 없다(말뚝, 지지대 같은 것을 운반할 수 없다).

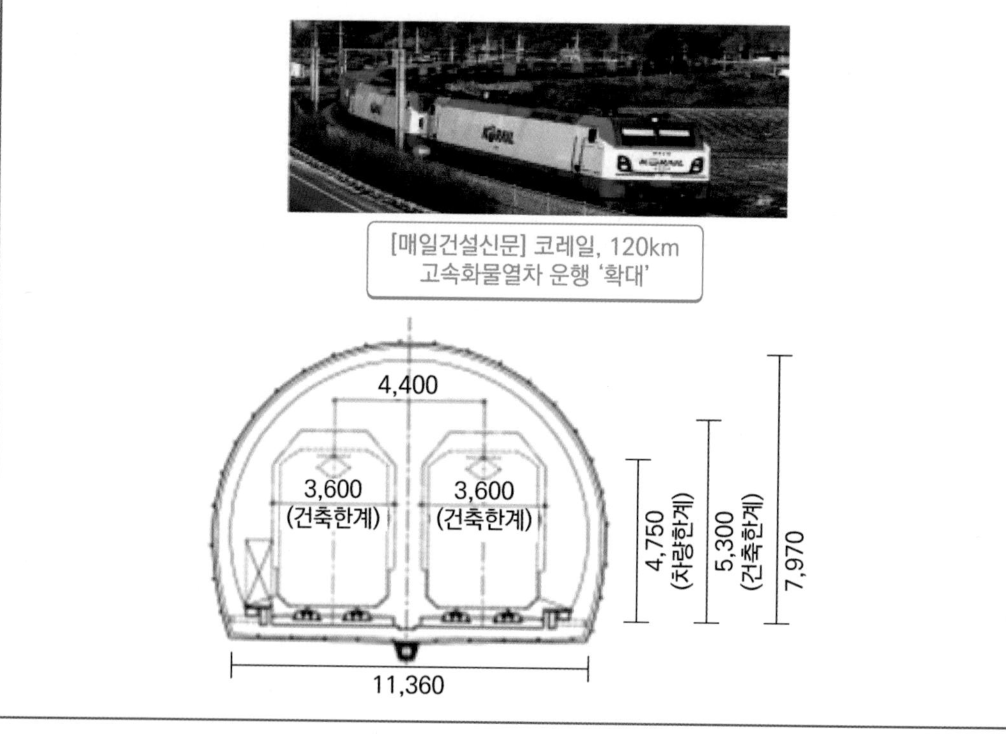

〈학습코너〉

- 차량한계: 차량이 안전하게 주행하기 위해서 선로근방의 건물이나 터널 등의 시설에 관련하여 침범해서는 안 되는 한계
- 건축한계: 차량이 안전하게 운행될 수 있도록 궤도상에 설정한 일정한 공간

건축한계

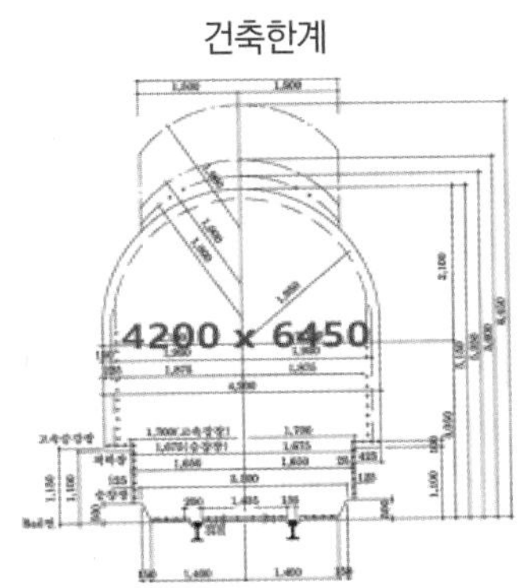

(structure gauge, track clearance construction gauge) 차량이 선로를 안전하게 동행할 수 있도록 궤도상에 일정한 공간을 유지

차량한계

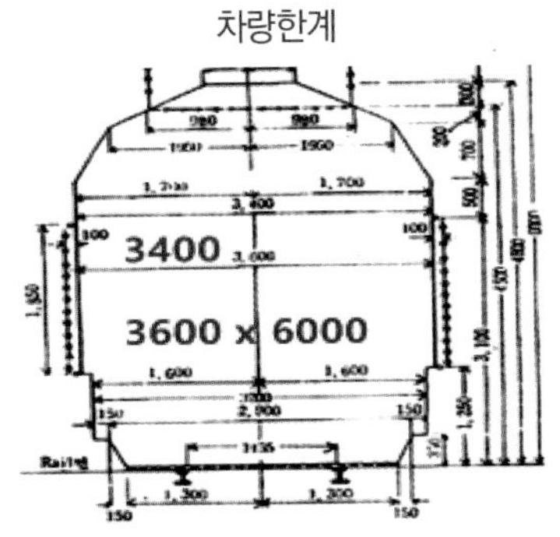

터널 없는 구간에 한해서는 특대 화물을 실어 운송할 수도 있다.

예제 **다음 중 보기의 괄호 안에 들어갈 단어로 순서대로 나열한 것으로 맞는 것은?**

- '(　　　　　): 철도차량의 길이와 너비 및 높이의 한계'
- '(　　　　　): 차량이 안전하게 운행될 수 있도록 궤도상에 설정한 일정한 공간'

가. 차량한계, 궤도한계
나. 차량접촉한계, 궤도한계
다. 건축물한계, 차량접촉한계
라. 차량한계, 건축한계

해설 철도차량운전규칙 제8조(차량의 적재 제한 등) 제3항: 차량한계: 철도차량의 길이와 너비 및 높이의 한계, 건축한계: 차량이 안전하게 운행될 수 있도록 궤도상에 설정한 일정한 공간'

예제 **다음 중 차량에 화물을 적재할 경우 적재 제한에 관한 설명으로 틀린 것은?**

가. 차량의 구조 및 설계강도 등을 고려하여 최대적재량을 초과하지 않을 것

나. 운전중의 흔들림으로 인하여 무너지거나 넘어질 우려가 없을 것

다. 적재 화물의 길이와 너비 및 높이를 고려하여 건축한계를 초과하지 않을 것

라. 특대화물을 운송할 때에는 사전에 안전조치를 할 것

해설 철도차량운전규칙 제8조(차량의 적재 제한 등) 제3항: 철도차량의 길이와 너비 및 높이의 한계("차량한계")를 초과하여 화물을 적재 · 운송하여서는 아니된다.

예제 **철도차량운전규칙에서 다음 설명으로 틀린 것은?**

가. 차량에 화물을 적재할 경우에는 차량의 구조와 설계강도 등을 고려하여 허용할 수 있는 최대적재량을 초과하지 아니하도록 하여야 한다.

나. 열차의 안전운행에 필요한 조치를 하고 차량한계 및 건축한계를 초과하는 화물을 운송하는 경우에는 건축한계를 초과하여 화물을 운송할 수 있다.

다. 차량에 화물을 적재할 경우에는 중량의 부담이 균등히 되도록 하여야 한다.

라. 운전중의 흔들림으로 인하여 무너지거나 넘어질 우려가 없도록 하여야 한다.

해설 철도차량운전규칙 제8조(차량의 적재 제한 등): 열차의 안전운행에 필요한 조치를 하고 차량한계 및 건축한계를 초과하는 화물(이하 "특대화물"이라 한다)을 운송하는 경우에는 차량한계를 초과하여 화물을 운송할 수 있다.

제9조(특대화물의 수송)

철도운영자등은 제8조제3항 단서의 규정에 의하여 특대화물 등을 운송하고자 하는 경우에는 사전에 당해 구간에 열차운행에 지장을 초래하는 장애물이 있는지의 여부 등을 조사 검토한 후 운송하여야 한다.

[제9조 특대화물의 수송]

철도운영자등은 특대화물 등을 운송하고자 하는 경우에는 사전에 당해 구간(터널 등)에 열차운행에 지장을 초래하는 장애물이 있는지의 여부 등을 조사 · 검토한 후 운송할 수 있다.

○

차량한계 초과 가능

×

건축한계 초과 금지

제4장

열차의 운전

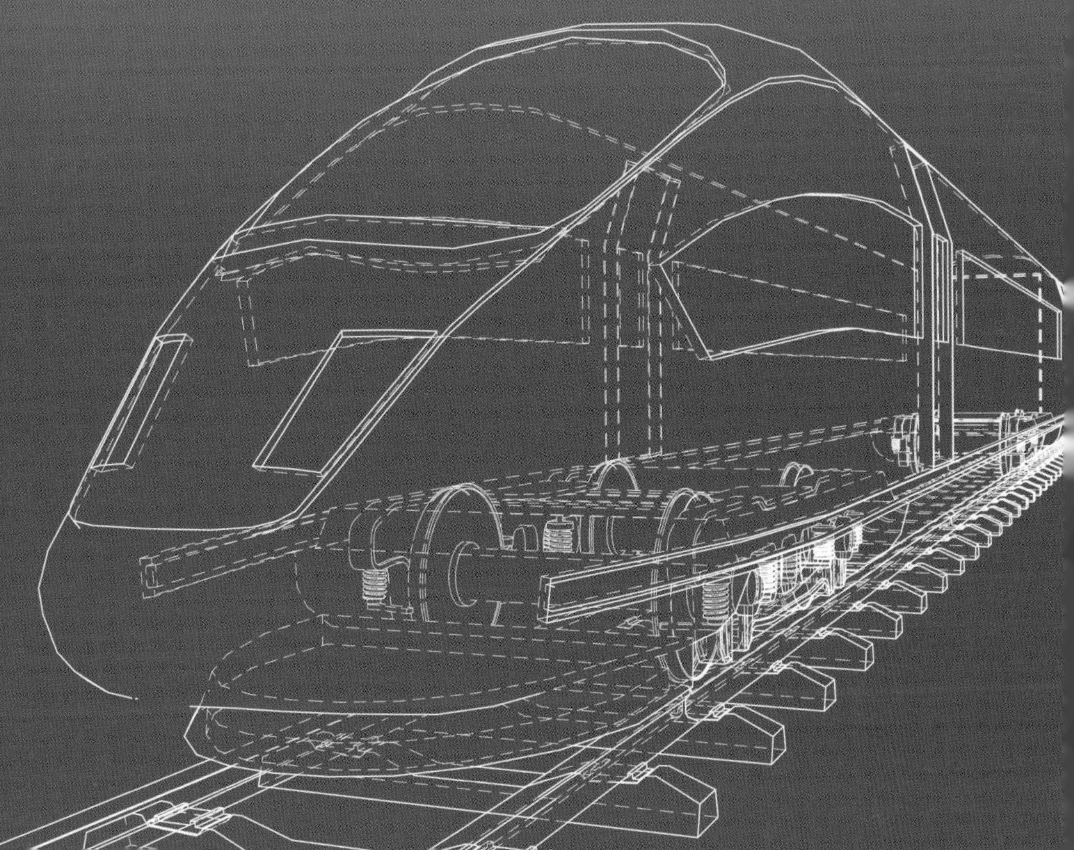

열차의 운전

제1절 열차의 조성

제10조(열차의 최대연결차량수 등)

열차의 최대연결차량수는 이를 조성하는 동력차의 견인력, 차량의 성능, 차체(Frame) 등 차량의 구조 및 연결장치의 강도와 운행선로의 시설현황에 따라 이를 정하여야 한다.

예제 **열차의 최대연결차량수는 이를 조성하는 [ ], 차량의 성능, 차체(Frame)등 [ ] 및 [ ]와 [ ]에 따라 이를 정하여야 한다.**

정답 동력차의 견인력, 차량의 구조, 연결장치의 강도, 운행선로의 시설현황

[제4장 열차의 운전]

1. 열차의 조성

제10조 열차의 최대연결차량 수 등(출제빈도 높음)

열차의 최대연결차량수는 이를 조성(띠었다, 붙였다 한다) 하는 동력차의 견인력, 차량의 성능 · 차체(Frame) 등 차량의 구조 및 연결장치의 강도와 운행선로의 시설현황에 따라 이를 정하여야 한다.

입환
1번 선에 있는 차량을 7번 선으로 보내고 하는 작업

총 길이 1.2km(화물열차 80량)에 이르기는 국내 최장 화물열차가 18일 부산신항역~경남 진례역 구간을 시험운행하고 있다. (부산일보)

[열차의 최대 연결 차량대수]

견인력

- 몇 대의 차량을 끌 수 있는가는 기관차의 견인력이 중요
- 예컨대 5,000마력: 말 5,000마리가 끄는 힘과 같다. 요즘은 8,000마력을 끌 수 있는 기관차가 등장 전기기관차는 와트 수로 표현

연결기 강도

- 차와 차의 연결기의 끄는 힘에 따라 최대 연결 차량대수는 달라진다.

운행선로

- 오르막(경사도)가 있으면 최대연결차량 대수에 영향을 미친다.
- KTX: 높낮이와 커브가 거의 없다.

동력

- 지하철의 경우 동력이 분산 → 동차(전기를 쓰면 전동차) 현재 KTX는 앞뒤차량만 동력이 있으나 "해무"는 중간중간 차량에 동력이 분산된 시스템의 차량(시속 350km까지 주행이 가능)

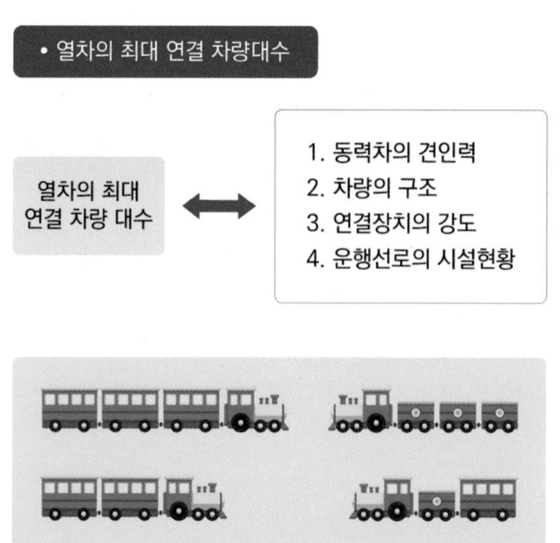

• 열차의 최대 연결 차량대수
열차의 최대 연결 차량 대수
1. 동력차의 견인력
2. 차량의 구조
3. 연결장치의 강도
4. 운행선로의 시설현황

예제 **다음 중 열차의 최대연결 차량수의 제한요건이 아닌 것은?**

가. 동력차의 견인력　　　　나. 연결장치의 강도

다. 동력차의 제동력　　　　라. 차량의 구조

해설 철도차량운전규칙 제10조(열차의 최대연결차량수 등): 열차의 최대연결차량수는 이를 조성하는 동력차의 견인력, 차량의 성능 · 차체(Frame) 등 차량의 구조 및 연결장치의 강도와 운행선로의 시설현황에 따라 이를 정하여야 한다.

예제 **열차의 최대연결량수에 제한을 받지 않는 경우는?**

가. 동력차의 견인력

나. 역사의 구조 및 강도

다. 차체 등 차량의 구조 및 연결장치의 강도

라. 차량의 성능

해설 철도차량운전규칙 제10조(열차의 최대연결차량수 등) 열차의 최대연결차량수는 이를 조성하는 동력차의 견인력, 차량의 성능 · 차체(Frame) 등 차량의 구조 및 연결장치의 강도와 운행선로의 시설현황에 따라 이를 정하여야 한다.

제11조(동력차의 연결위치)

열차의 운전에 사용하는 동력차는 열차의 맨 앞에 연결하여야 한다. 다만, 다음 각 호의 어느 하나에 해당하는 경우에는 그러하지 아니하다.

[동력차는 열차의 맨 앞에 없어도 되는 경우]

1. 기관차를 2 이상 연결한 경우로서 열차의 맨 앞에 위치한 기관차에서 열차를 제어하는 경우
2. 보조기관차를 사용하는 경우
3. 선로 또는 열차에 고장이 있는 경우
4. 구원열차 · 제설열차 · 공사열차 또는 시험운전열차를 운전하는 경우
5. 정거장과 그 정거장 외의 본선 도중에서 분기하는 측선과의 사이를 운전하는 경우
6. 그 밖에 특별한 사유가 있는 경우

[제11조 동력차의 연결 위치]

열차의 운전에 사용하는 동력차(동력을 발생시키는 차, 기관차)는 열차의 맨 앞에 연결

〈예외〉 동력차가 열차의 맨 앞에 없어도 되는 경우

1. 기관차를 2이상 연결한 경우로서 열차의 맨 앞에 위치한 기관차에서 열차를 제어하는 경우
2. 보조기관차를 사용하는 경우
3. 선로 또는 열차에 고장이 있는 경우
4. 구원열차(뒤에서 미는 차) · 제설열차(동력차 앞에 따로 연결) · 공사열차 또는 시험운전열차를 운전하는 경우
5. 정거장과 그 정거장 외의 본선 도중에서 분기하는 측선과의 사이를 운전하는 경우
6. 그 밖에 특별한 사유가 있는 경우

[동력차가 열차의 맨 앞에 없어도 되는 경우(예외)]

제12조(여객열차의 연결제한)

① 여객열차에는 화차를 연결할 수 없다. 다만, 회송의 경우와 그 밖에 특별한 사유가 있는 경우에는 그러하지 아니하다.

② 제1항 단서의 규정에 의하여 화차를 연결하는 경우에는 화차를 객차의 중간에 연결하여서는 아니된다.

예제 **다음 중 여객열차의 연결제한에 관한 설명으로 틀린 것은?**

가. 회송의 경우에 화차를 연결할 수 있으며 객차와 객차 사이의 중간에 연결할 수 있다.
나. 특별한 경우에는 화차를 연결할 수 있다.
다. 파손차량 및 동력이 없는 기관차는 여객열차에 연결할 수 없다.
라. 2차량 이상에 무게를 부담시킨 화물을 적재한 화차는 여객열차에 연결할 수 없다.

해설 철도차량운전규칙 제12조(여객열차의 연결제한) 제2항 제1항 단서의 규정에 의하여 화차를 연결하는 경우에는 화차를 객차의 중간에 연결하여서는 아니된다.

③ 파손차량, 동력을 사용하지 아니하는 기관차 또는 2차량 이상에 무게를 부담시킨 화물을 적재한 화차는 이를 여객열차에 연결하여서는 아니된다.

[제12조 여객열차의 연결 제한]

① 여객열차에는 화차를 연결할 수 없다(새마을호에 화차 연결 안 된다).

예외
회송(승객, 화물 없이 차량기지로 가는 차량: 연결할 수 있다), 특별한 사유 그러지 아니하다.
그래도 이것은 안 된다.

② 객차 중간에 화차 연결 금지(제일 끝에 연결해야 한다)
③ 파손된 차량, 무동력 기관차(그냥 딸려오는 기관차) 또는 2차량 이상에(2군데 연달아 연결하면 안 된다. 분산시켜라) 무게를 부담시킨 화물 적재 차량 연결 금지

- 화물40톤 차량, 화물45톤 차량 화물 40톤 차량으로 섞어서는 안 된다. 화물 45톤 차량은 맨 뒤에 연결해야 한다.
- 공차상태로 운행하며 열차사고 등 기타 원인으로 인하여 도중 운휴된 열차를 임시로 회송하기 위한 경우

제13조(열차의 운전위치)

① 열차는 운전방향 맨 앞 차량의 운전실에서 운전하여야 한다.

예제 **열차는 [   ]의 운전실에서 운전하여야 한다.**

정답 운전방향 맨 앞 차량

② 제1항에도 불구하고 다음 각 호의 어느 하나에 해당하는 경우에는 운전방향 맨 앞 차량의 운전실 외에서도 열차를 운전할 수 있다.

[운전실 외에서도 열차를 운전할 수 있는 경우]

1. 철도종사자가 차량의 맨 앞에서 전호를 하는 경우로서 그 전호에 의하여 열차를 운전하는 경우
2. 선로, 전차선로 또는 차량에 고장이 있는 경우
3. 공사열차, 구원열차 또는 제설열차를 운전하는 경우
4. 정거장과 그 정거장 외의 본선 도중에서 분기하는 측선과의 사이를 운전하는 경우
5. 철도시설 또는 철도차량을 시험하기 위하여 운전하는 경우
6. 사전에 정한 특정한 구간을 운전하는 경우

6의2. 무인운전을 하는 경우

7. 그 밖에 부득이한 경우로서 운전방향 맨 앞 차량의 운전실에서 운전하지 아니하여도 열차의 안전한 운전에 지장이 없는 경우

[제13조 열차의 운전 위치]

(1) 열차는 운전방향 맨 앞 차량의 운전실에서 운전하여야 한다.

(2) 운전방향 맨 앞 차량의 운전실 외에서도 열차를 운전할 수 있다.

1. 철도 종사자가 차량의 맨 앞에서 전호를 하는 경우로서 그 전호에 의하여 열차를 운전하는 경우
2. 선로 · 전차선로 또는 차량에 고장이 있는 경우
3. 공사열차 · 구원열차 또는 제설열차를 운전하는 경우
4. 정거장과 그 정거장 외이 본선 도중에서 분기하는 측선고의 사이를 운전하는 경우
5. 철도시설 또는 철도차량을 시험하기 위하여 운전하는 경우
6. 사전에 정한 특정한 구간을 운전하는 경우
7. 무인운전을 하는 경우
8. 그 밖에 부득이한 경우로서 운전방향 맨 앞 차량의 운전실에서 운전하지 아니하여도 열차의 안전한 운전에 지장이 없는 경우

• 분기: 나누어지는 곳
• 측선: 철도의 정거장 구내에 있는 본선 이외의 선로

HEMU-430X의 운전실

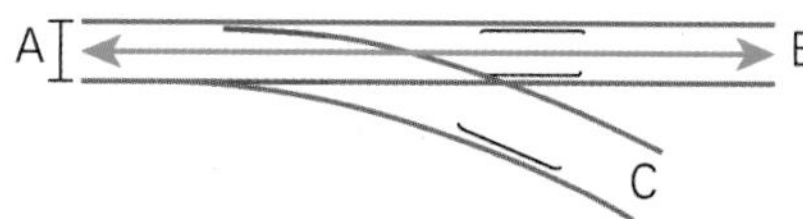

예제 **[ ], [ ] 또는 [ ]를 운전하는 경우 운전방향 맨 앞 차량의 운전실 [ ] 열차를 운전할 수 있다.**

정답 공사열차, 구원열차, 제설열차, 외에서도

예제 **다음 중 운전방향 맨 앞 차량의 운전실 외에서도 열차를 운전할 수 있는 경우로 틀린 것은?**

가. 선로에 고장이 있는 경우

나. 회송열차를 운전하는 경우

다. 철도시설 또는 철도차량을 시험운전하기 위하여 운전하는 경우

라. 철도종사자가 차량 맨 앞에서 행하는 전호에 의하여 열차를 운전하는 경우

해설 철도차량운전규칙 제13조(열차의 운전위치) 제2항: '회송열차를 운전하는 경우'는 운전방향 맨 앞 차량의 운전실 외에서 열차를 운전할 수 있는 경우가 아니다.

예제 **다음 중 열차의 맨 앞 운전실에서 운전하지 않아도 되는 경우로 틀린 것은?**

가. 구원열차를 운전하는 경우

나. 보조기관차를 운전하는 경우

다. 철도시설을 시험하기 위하여 운전하는 경우

라. 철도종사자가 차량의 전호에 의하여 열차를 운전하는 경우

해설 철도차량운전규칙 제13조(열차의 운전위치) 제2항 제1항: 보조기관차를 운전하는 경우는 해당되지 않는다.

예제 **열차는 운전방향의 맨 앞 차량의 운전실에서 운전하여야 한다. 예외의 경우로 틀린 것은?**

가. 철도종사자가 차량의 맨 앞에서 전호를 하는 경우로써 그 전호에 의하여 열차를 운전하는 경우

나. 선로·전차선로 또는 차량에 고장이 있는 경우

다. 특수차량을 운전하는 경우

라. 정거장과 그 정거장 외의 본선 도중에서 분기하는 측선과의 사이를 운전하는 경우

해설 철도차량운전규칙 제13조(열차의 운전위치): 특수차량을 운전하는 경우는 예외에 해당되지 않는다.

제14조(열차의 제동장치)

2량 이상의 차량으로 조성하는 열차에는 모든 차량에 연동하여 작용하고 차량이 분리되었을 때 자동으로 차량을 정차시킬 수 있는 제동장치를 구비하여야 한다. 다만, 다음 각 호의 어느 하나에 해당하는 경우에는 그러하지 아니하다.

예제 **2량 이상의 차량으로 조성하는 열차에는 모든 차량에 [　　]하여 작용하고 차량이 [　　]되었을 때 [　　]으로 차량을 [　　]시킬 수 있는 제동장치를 구비하여야 한다.**

정답 연동, 분리, 자동, 정차

[제동장치를 구비하지 않아도 되는 경우]

1. 정거장에서 차량을 연결·분리하는 작업을 하는 경우
2. 차량을 정지시킬 수 있는 인력을 배치한 구원열차 및 공사열차의 경우
3. 그 밖에 차량이 분리된 경우에도 다른 차량에 충격을 주지 아니하도록 안전조치를 취한 경우

[제14조 열차의 제동장치]

2량 이상의 차량으로 조성하는 열차에는
(1) 모든 차량에 연동하여 작용(동시 작용)
(2) 열차가 분리되었을 때 자동으로 차량을 정차시킬 수 있는 제동장치를 구비

답면제동장치

디스크제동장치

〈예외〉

1. 정거장 내에서 차량을 연결·분리하는 작업을 하는 경우(정거장 내에서는 연동하여 제동시킬 수 있는 제동장치 안해도 된다(영등포역(1km)내에서 작업시 등)
2. 차량을 정지시킬 수 있는 인력을 배치한 구원열차 및 공사열차의 경우
3. 그 밖 차량이 분리된 경우에도 다른 차량에 충격을 주지 아니하도록 안전조치(이 경우 연동제동이 되지 않아도 된다)

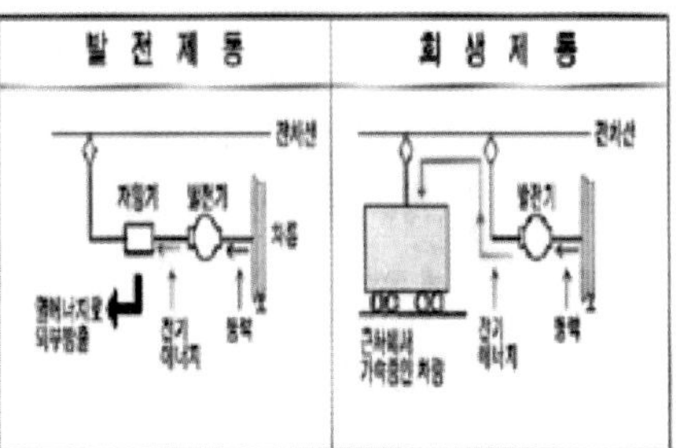

예제 **다음 중 2량 이상의 차량으로 열차를 조성할 때 모든 차량에 연동하여 작용하는 제동장치를 생략할 수 있는 경우로 맞지 않은 것은?**

가. 정거장에서 차량을 연결·분리하는 작업을 하는 경우
나. 철도종사자가 차량의 맨 앞에서 전호를 하여 추진운전을 하는 경우
다. 차량을 정지시킬 수 있는 인력을 배치한 구원열차 및 공사열차의 경우
라. 차량이 분리된 경우에도 다른 차량에 충격을 주지 않도록 안전조치를 취한 경우

해설 철도차량운전규칙 제14조(열차의 제동장치): '철도종사자가 차량의 맨 앞에서 전호를 하여 추진운전을 하는 경우'는 연동하여 작용하는 제동장치를 생략할 수 있는 경우에 해당되지 않는다.

예제 **다음 설명 중 맞는 것은?**

가. 화물열차를 추진 운전하는 경우에는 맨 앞에 완급차의 연결을 생략할 수 없다.

나. 정거장에서 차량을 분리작업을 하는 경우 제동장치의 연동작용을 생략할 수 있다.

다. 임시열차를 운행하는 경우에는 반드시 열차시각을 정하여 운전하여야 한다.

라. 자동폐색구간에서 퇴행운전을 하는 경우에는 반대선로로 운행할 수 없다.

해설 철도차량운전규칙 제14조(열차의 제동장치): 정거장에서 차량을 연결 · 분리하는 작업을 하는 경우 제동장치의 연동작용을 생략할 수 있다.

제15조(열차의 제동력)

① 열차는 선로의 굴곡정도 및 운전속도에 따라 충분한 제동능력을 갖추어야 한다.

② 철도운영자등은 연결 축수(연결된 차량의 차축 총수를 말한다)에 대한 제동축수(소요 제동력을 작용시킬 수 있는 차축의 총수를 말한다)의 비율(이하 "제동축 비율"이라 한다)이 100이 되도록 열차를 조성하여야 한다. 다만, 긴급상황 발생 등으로 인하여 열차를 조성하는 경우 등 부득이한 사유가 있는 경우에는 그러하지 아니하다.

예제 **철도운영자등은 [ ]에 대한 [ ]의 [ ](이하 "제동축 비율"이라 한다)이 [ ]이 되도록 열차를 조성하여야 한다.**

정답 연결 축수, 제동축수, 비율, 100

[제15조 열차의 제동력]

① 열차는 선로의 굴곡정도 및 운전속도에 따라 충분한 제동능력을 구비(커브길이나 오르막에 속도를 줄일 수 있는 능력을 갖추어야 함)
② 연결축수(연결된 차량의 차축 총수를 말한다)에 대한 제동축수(소요 제동력을 작용시킬 수 있는 차축의 총수를 말한다)의 비율(이하 "제동축비율"이라 한다)이 100이 되도록 열차를 조성 다만, 긴급상황 발생 등으로 인하여 열차를 조성하는 경우 등 부득이한 사유 시는 예외
③ 제동력이 균등하도록 차량을 배치, 일부 차량의 제동력이 작용하지 아니하는 경우에는 제동축 비율에 따라 운전 속도를 감속
※ 열차 무게에 따라 제동력이 달라지므로 승객열차, 화물열차 같이 배치해서는 안 된다.

열차는 공기제동을 쓰게 되는데 제동관에는 6kgf/cm^2 이상의 공기가 있다 기관사가 제동을 취급하면 제동관의 압력이 낮아지면서 제동통으로 공기가 들어가 제동이 걸린다. 공기는 객차의 출입문을 열거나 화장실에서 물을 끌어올릴 때도 사용한다.

〈학습 코너〉 제동축 비율이란?

연결 축수와 제동 축수의 비율 = 제동축수/연결 축수
제동축 비율 100이란? = 전 차량이 모두 제동력을 갖춘 상태(100%)

예 연결축 20, 제동축 16(제동이 되는 축) (제동축 비율 80%, 16/20

모든 차량이 공기가 연결되어 제동이 가능한데 X차 앞뒤만 공기가 차단되어 제동이 안걸린다.
즉 고장상태이다.

예제 **다음 중 문장 속 괄호 안에 들어갈 내용으로 맞는 것은?**

'철도운영자등은 연결축수(연결된 차량의 차축 총수)에 대한 [ ](소요 제동력을 작용시킬 수 있는 차축의 총수)의 비율이 ( )이 되도록 열차를 조성하여야 한다.'

가. 제동축수, 100
나. 연결축수, 85
다. 제동축수, 90
라. 연결축수, 70

해설 철도차량운전규칙 제15조(열차의 제동력) 제2항: 철도운영자 등은 "제동축비율"이 100이 되도록 열차를 조성하여야 한다.

예제 **"제동축비율"을 나타내는 수식으로 맞는 것은?**

가. 제동축수/연결축수 × 100

나. 부분제동/전제동 × 100

다. 피스톤이 움직인 거리/제륜자 이동거리 × 100

라. 제동축수/전제동 × 100

해설 철도차량운전규칙 제15조(열차의 제동력) 제2항: 철도운영자등은 연결 축수(연결된 차량의 차축 총수를 말한다)에 대한 제동축수(소요 제동력을 작용시킬 수 있는 차축의 총수를 말한다)의 비율(이하 "제동축비율"이라 한다)이100이 되도록 열차를 조성하여야 한다.

③ 열차를 조성하는 경우에는 모든 차량의 제동력이 균등하도록 차량을 배치하여야 한다. 다만, 고장 등으로 인하여 일부 차량의 제동력이 작용하지 아니하는 경우에는 제동축비율에 따라 운전속도를 감속하여야 한다.

제동력 부족 시 열차 속도(회사규정: Korail, 서울교통공사 등)

*제동축 비율에 따라 운전속도를 감속하라!

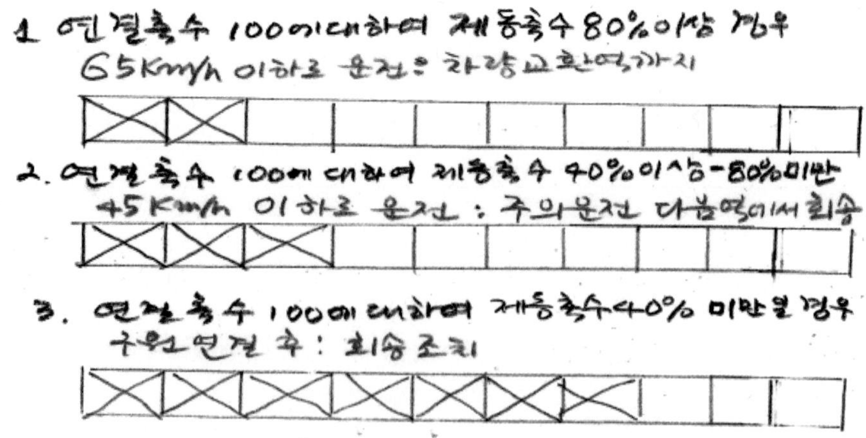

1. 연결축수 100에대하여 제동축수 80%이상 경우
65Km/h 이하로 운전: 차량교환역까지
2. 연결축수 100에 대하여 제동축수 40%이상~80%미만
45Km/h 이하로 운전 : 주의운전 다음역에서 회송
3. 연결축수 100에 대하여 제동축수 40% 미만일 경우
구원연결 후 : 회송조치

예제 **다음 중 열차의 제동력에 관한 설명으로 틀린 것은?**

가. 열차는 선로의 굴곡정도 및 운전속도에 따라 충분한 제동능력을 갖추어야 한다.

나. 철도운영자등은 연결축수(연결된 차량의 차축 총수)에 대한 제동축수(소요제동력을 작용시킬 수 있는 차축의 총수)의 비율(제동축비율)이 100이 되도록 열차를 조성하여야 한다. 다만, 긴급상황 발생 등으로 인하여 열차를 조성하는 경우 등 부득이한 사유가 잇는 경우에는 그러하지 아니하다.

다. 열차를 조성하는 경우에는 모든 차량의 제동력이 균등하도록 차량을 배치하여야 한다. 다만, 고장 등으로 인하여 일부 차량의 제동력이 작용하지 아니하는 경우에는 제동축비율에 따라 운전속도를 감속하여야 한다.

라. 열차 운행 중 제동축비율이 100으로 유지가 불가능한 경우 바로 회송조치하여야 한다.

해설 '열차 운행 중 제동축비율이 100으로 유지가 불가능한 경우 바로 회송조치하여야 한다.'는 옳지 않다.

제16조(완급차의 연결)

① 관통제동기를 사용하는 열차의 맨 뒤(추진운전의 경우에는 맨 앞)에는 완급차를 연결하여야 한다. 다만, 화물열차에는 완급차를 연결하지 아니할 수 있다.

예제 **관통제동기를 사용하는 열차의 [ ](추진운전의 경우에는 맨 앞)에는 [ ]를 연결하여야 한다. 다만, [ ]에는 완급차를 연결하지 아니할 수 있다.**

정답 맨 뒤, 완급차, 화물열차

[완급차]

완급차: 공기제동 등과 같은 관통제동이 보급되기 이전에 열차의 제동력을 보완하기 위해 연결되는 제동장치를 탑재한 업무용 차량을 의미한다. 과거에는 기술의 부족으로 각 차량에 일괄 동작되는 제동장치가 탑재되지 못했기 때문에 사람에 의해서 취급되는 수제동기에 의존해야 했다. 이걸 취급하기 위한 탑승자가 첨승할 수 있는 공간이 별도로 필요했다.(리브레 위키 검색)

예제 다음 중 보기의 괄호 안에 공통적으로 들어갈 말로 알맞은 것은?

"관통제동기를 사용하는 열차의 맨 뒤에는 (　　)을 연결하여야 한다. 다만, 화물열차에는 (　　)를 연결하지 아니할 수 있다."

가. 발전차　　나. 유개차

다. 완급차　　라. 무개차

해설 철도차량운전규칙 제16조(완급차의 연결) 제1항: 완급차이다.

② 제1항 단서의 규정에 불구하고 군전용열차 또는 위험물을 운송하는 열차 등 열차승무원이 반드시 탑승하여야 할 필요가 있는 열차에는 완급차를 연결하여야 한다.

[제16조 완급차의 연결]

① 관통제동기를 사용하는 열차의 맨 뒤(추진운전의 경우에는 맨 앞)에는 완급차를 연결 운행. 다만, 화물열차에는 완급차를 연결하지 아니할 수 있다.
(완급차 연결하면 승무원 비용 등이 발생되기 때문이다. 관통제동기 사용하는 여객열차는 완급차를 연결해야 한다. KTX와 지하철은 관통제동기를 사용하지 않으므로 완급차를 연결하지 않아도 된다.)

② 군전용열차 또는 위험물(유조차, 폭발 및 발화의 우려)을 운송하는 열차 등 열차승무원이 반드시 탑승하여야 할 필요가 있는 열차에는 완급차를 연결

완급차
1. 관통제동용 제동통: 열차가 분리되면 자동정차
2. 압력계: 공기압력계로 공기관통을 알 수 있다.
3. 차장변: 맨 뒤 차량에 승차한 차장이 열차를 세울 수 있다.
4. 수 제동기: 공기압력이 없을 때 세울 수 있다.
5. 열차 승무원이 집무할 수 있는 차실을 설비한 객차, 화차

자주 출제되는 문제
일반 제동장치를 작동하는 자는→ 맨 앞 차량의 기관사가 작동한다. 다만 완급차에서는 비상 시 열차를 세울 수 있을 뿐이다. 완급차의 차장은 압력이 있는지 없는지 보기만 한다.

예제 다음 중 열차의 조성에 관한 설명으로 바르지 않은 것은?

가. 2량 이상의 차량으로 조성하는 열차에는 모든 차량에 연동하여 작동하는 제동장치를 구비하여야 한다.

나. 열차는 선로의 굴곡정도 및 운전속도에 따라 충분한 제동능력을 갖추어야 한다.

다. 열차를 조성할 시 당해 열차를 운행하기 전에 제동장치의 정상작동여부를 확인하여야 한다.

라. 군전용 열차 또는 위험물을 운송하는 열차에는 완급차를 연결하지 아니할 수 있다.

해설 철도차량운전규칙 제16조(완급차의 연결) 제2항 제1항: 군전용열차 또는 위험물을 운송하는 열차 등 열차승무원이 반드시 탑승하여야 할 필요가 있는 열차에는 완급차를 연결하여야 한다.

제17조(제동장치의 시험)

열차를 조성하거나 열차의 조성을 변경한 경우에는 당해 열차를 운행하기 전에 제동장치를 시험하여 정상작동여부를 확인하여야 한다.

예제 열차를 [ ]하거나 열차의 [ ]한 경우에는 당해 열차를 운행하기 전에 [ ]를 시험하여 정상작동여부를 확인하여야 한다.

정답 조성, 조성을 변경, 제동장치

제2절 열차의 운전

제18조(철도신호와 운전의 관계)

철도차량은 신호·전호 및 표지가 표시하는 조건에 따라 운전하여야 한다.

예제 철도차량은 [　　　]·[　　　] 및 [　　　]가 표시하는 조건에 따라 운전하여야 한다.

정답 신호, 전호, 표지

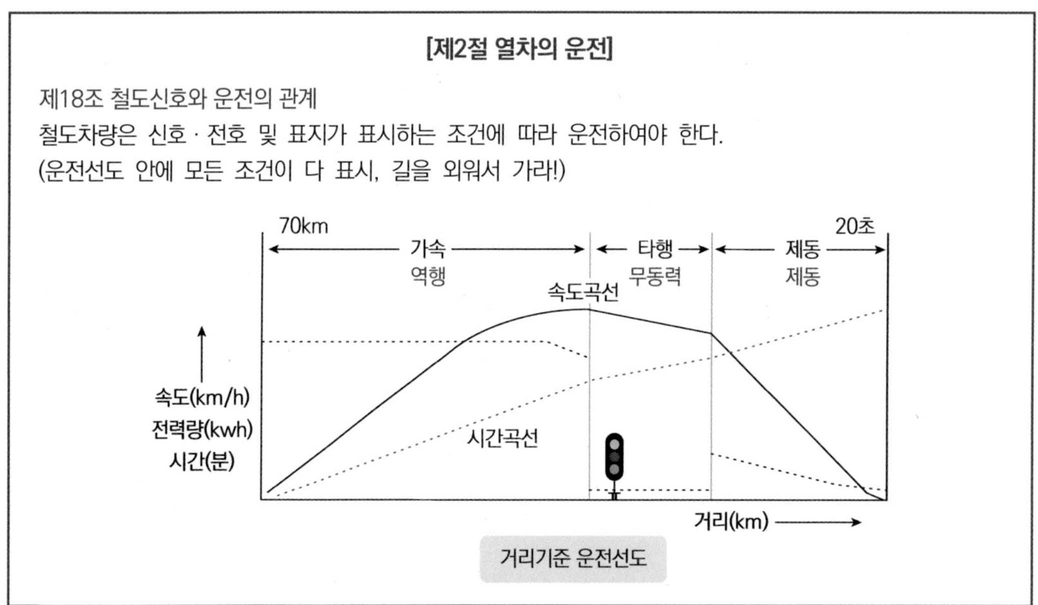

제19조(정거장의 경계)

철도운영자등은 정거장 내·외에서 운전취급을 달리하는 경우 이를 내· 외로 구분하여 운영하고 그 경계지점과 표시방식을 지정하여야 한다.

예제 철도운영자등은 정거장 내·외에서 [　　　　　]을 달리하는 경우 이를 [　　　　　]하여 운영하고 그 [　　　　]과 [　　　　]을 지정하여야 한다.

정답 운전취급, 내· 외로 구분, 경계지점, 표시방식

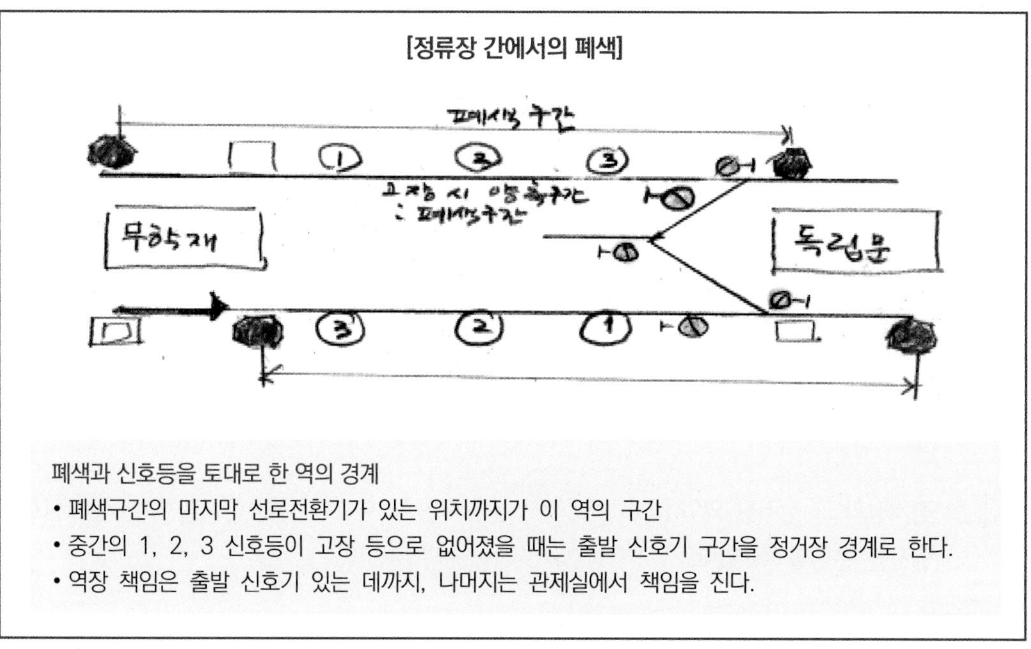

폐색과 신호등을 토대로 한 역의 경계
- 폐색구간의 마지막 선로전환기가 있는 위치까지가 이 역의 구간
- 중간의 1, 2, 3 신호등이 고장 등으로 없어졌을 때는 출발 신호기 구간을 정거장 경계로 한다.
- 역장 책임은 출발 신호기 있는 데까지, 나머지는 관제실에서 책임을 진다.

제20조(열차의 운전방향 지정 등)

① 철도운영자등은 상행선·하행선 등으로 노선이 구분되는 선로의 경우에는 열차의 운행방향을 미리 지정하여야 한다.

② 다음 각 호의 어느 하나에 해당되는 경우에는 제1항의 규정에 의하여 지정된 선로의 반대선로로 열차를 운행할 수 있다.

[지정된 선로의 반대선로로 열차를 운행할 수 있는 경우]

1. 제4조 제2항의 규정에 의하여 철도운영자등과 상호 협의된 방법에 따라 열차를 운행하는 경우
2. 정거장 내의 선로를 운전하는 경우

3. 공사열차·구원열차 또는 제설열차를 운전하는 경우
4. 정거장과 그 정거장 외의 본선 도중에서 분기하는 측선과의 사이를 운전하는 경우
5. 입환운전을 하는 경우
6. 선로 또는 열차의 시험을 위하여 운전하는 경우
7. 퇴행(退行)운전을 하는 경우
8. 양방향 신호설비가 설치된 구간에서 열차를 운전하는 경우
9. 철도사고 또는 운행장애(이하 "철도사고등"이라 한다)의 수습 또는 선로보수공사 등으로 인하여 부득이하게 지정된 선로방향을 운행할 수 없는 경우

예제 **[ ]·[ ] 또는 [ ]를 운전할 때는 지정된 선로의 반대선로로 열차를 운행할 수 있다.**

정답 공사열차, 구원열차, 제설열차

예제 **정거장과 그 정거장 외의 [ ]에서 분기하는 [ ]를 운전할 때는 반대선로로 열차를 운행할 수 있다.**

정답 본선 도중, 측선과의 사이

예제 **다음 중 지정된 선로의 반대선로로 운행할 수 있는 열차로 틀린 것은?**

가. 공사열차
나. 구원열차
다. 단선열차
라. 시험운전열차

해설 철도차량운전규칙 제20조(열차의 운전방향 지정 등) 제2항: 단선열차는 해당되지 않는다.

[제20조의 열차의 운전 방향 지정 등]

① 철도운영자 등은 상행선 · 하행선 등으로 노선이 구분되는 선로의 경우에는 열차의 운행방향을 미리 지정하여야 한다.

② 지정된 선로의 반대 선로로 열차를 운행할 수 있는 경우

1. 철도운영자등과 상호 협의된 방법에 따라 열차를 운행 하는 경우(3호선에서는 우측통행으로 사전협의: 구파발까지 우측통행, 구 이후 대화까지는 우측통행으로 양 기관이 합의)
2. 정거장 내의 선로를 운전하는 경우(정류장이 길고 넓은 경우 반대방향으로 운행이 가능하다)
3. 공사열차 · 구원열차 또는 제설열차를 운전하는 경우
4. 정거장과 그 정거장 외의 본선 도중에서 분기하는 측선과의 사이를 운전하는 경우(동력차의 위치, 운전위치, 운전방향 모두에 적용)
5. 입환운전을 하는 경우(3번선에 있던 차량으로 7번으로 옮기는 작업, 주로 정거장과 차량기지에서)
6. 선로 또는 열차의 시험을 위하여 운전하는 경우
7. 퇴행(退行)운전(열차가 뒤로가는 것)을 하는 경우
8. 양방향 신호설비(단선)가 설치된 구간에서 열차를 운전하는 경우
9. 철도사고 또는 운행장애(이하 "철도사고등"이라 한다)의 수습 또는 선로보수공사 등 으로 인하여 부득이하게 지정된 선로방향을 운행할 수 없는 경우(좌측선을 우측선으로 바꿀 수 있다)

③ 반대선로로 운전하는 열차가 있는 경우 후속열차에 대한 운행통제 등 필요한 안전조치를 하여야 한다.

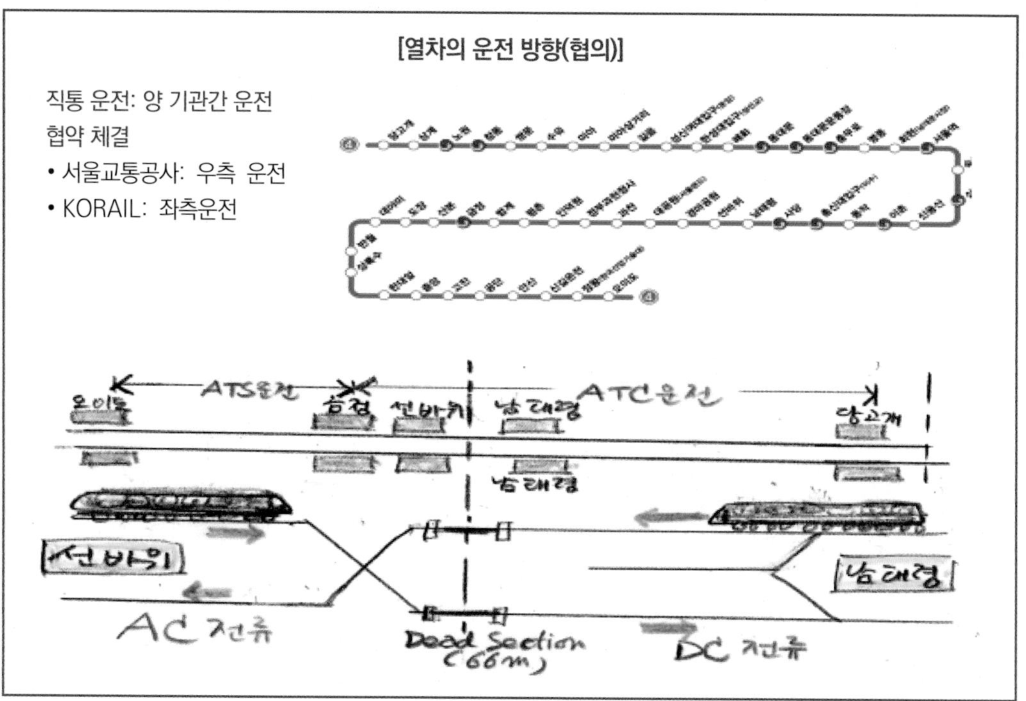

③ 철도운영자등은 제2항의 규정에 의하여 반대선로로 운전하는 열차가 있는 경우 후속 열차에 대한 운행통제 등 필요한 안전조치를 하여야 한다.

③ 철도운영자등은 제2항의 규정에 의하여 반대 선로로 운전하는 열차가 있는 경우 후속 열차에 대한 운행통제 등 필요한 안전조치를 하여야 한다.

■ 퇴행운전: 처음 방향과 반대로 운전(되풀이 운전, 후진 운전) 앞에 철로가 끊어졌다. 장애물이 있다. 뒤가 보이지 않으면 차장의 도움을 받는다. 퇴행 운전 방향 기관사는 현 위치

퇴행운전 방향

기관사는 현위치

■ 추진운전: 후부 차(운전실)에서 운전(밀기 운전, 운행방향은 동일) 앞의 열차들이 고장이 발생, 뒤의 차들이 밀고 가는 것이 추진 운전

후부에서 운전

기관사

[신호설비]

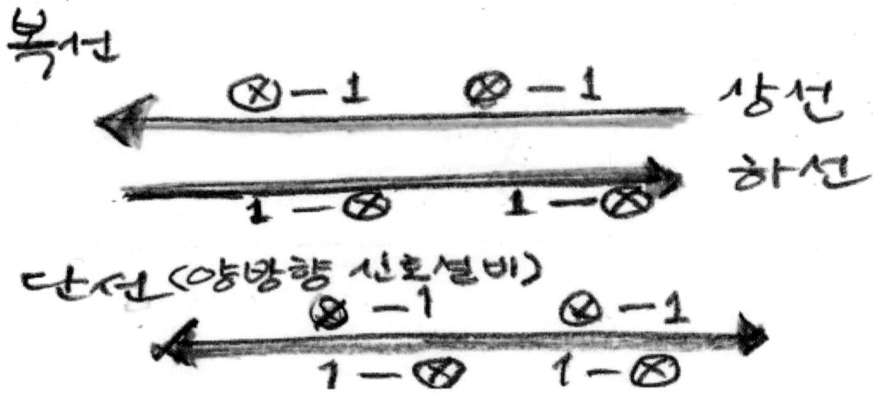

예제 **철도차량운전규칙에서 지정된 선로의 반대선로로 열차를 운행할 수 있는 경우로 틀린 것은?**

가. 구원열차를 운전하는 경우

나. 입환운전을 하는 경우

다. 퇴행운전을 하는 경우

라. 운전장애 등으로 인하여 일시적으로 단선운전을 하는 경우

해설 철도차량운전규칙 제20조(열차의 운전방향 지정 등): '운전장애 등으로 인하여 일시적으로 단선운전을 하는 경우'는 해당되지 않는다.

예제 **열차의 운전방향을 지정된 선로의 반대선로로 운행할 수 있는 경우에 해당되지 않는 것은?**

가. 추진운전을 하는 경우

나. 양방향 신호설비가 설치된 구간에서 열차를 운전하는 경우

다. 철도운영자 등과 상호 협의된 방법에 따라 열차를 운행하는 경우

라. 선로의 시험을 위하여 운전하는 경우

해설 철도차량운전규칙 제20조(열차의 운전방향 지정 등) 제2항: '추진운전을 하는 경우'는 해당되지 않는다.

제21조(정거장 외 본선의 운전)

차량은 이를 열차로 하지 아니하면 정거장 외의 본선을 운전할 수 없다. 다만, 입환작업을 하는 경우에는 그러하지 아니하다.

예제 **차량은 이를 [ ]로 하지 아니하면 [ ]을 운전할 수 없다. 다만, [ ]을 하는 경우에는 그러하지 아니하다.**

정답 열차, 정거장 외의 본선, 입환작업

[제21조(정거장 외 본선의 운전)]

차량은 열차로 하지 아니하면 정거장 외의 본선 운전 불가
(단) 입환작업을 하는 경우에는 그러하지 아니하다.
(본선과 측선이 동시에 있을 때 입환작업 할 때는 살짝살짝 측선으로 나와도 된다)

참고	열차번호
1. 본선과 측선으로 나누어진다. 2. 표준 궤간 1,435mm이 보다 크면 광궤 이보다 작으면 협궤	(1) 철도법 (o) (2) 도시철도 운전규칙(o) (3) 철도차량 운전규칙(x)

입환
정거장에서 열차의 운행을 위해 차량을 이동하여 연결 교환, 분리하는 등 모든 행위를 입환이라고 한다. 이에 따르는 자업은 보통 2인 이상의 수송원이 1개 조로 실시한다.

제22조(열차의 정거장 외 정차금지)

열차는 정거장 외에서는 정차하여서는 아니된다. 다만, 다음 각 호의 어느 하나에 해당하는 경우에는 그러하지 아니하다.

[정거장 외에서도 정차가 가능한 경우]

1. 경사도가 1,000분의 30 이상인 급경사 구간에 진입하기 전의 경우

예제 **경사도가 [ ] 이상인 급경사 구간에 진입하기 전의 경우에는 열차를 정지했다 운행할 수 있다.**

정답 1,000분의 30

2. 정지신호의 현시(現示)가 있는 경우
3. 철도사고등이 발생하거나 철도사고등의 발생 우려가 있는 경우
4. 그 밖에 철도안전을 위하여 부득이 정차하여야 하는 경우

[제22조 열차의 정거장 외 정차금지]

열차는 정거장 외에서는 정차하여서는 안 된다.

1. 경사도가 1,000분의 30 이상인 급경사 구간에 진입하기 전의 경우(열차는 정지했다 운행)
2. 정지신호의 현시(顯示)가 있는 경우(관제사가 "천천히 가시오" 지시거부하면 정지신호가 현시, 터널 속에서 정지)
3. 철도사고 등이 발생하거나 철도사고 등의 발생우려가 있는 경우(전호기 등으로 표시)
4. 철도안전을 위하여 부득이 정차하여야 하는 경우

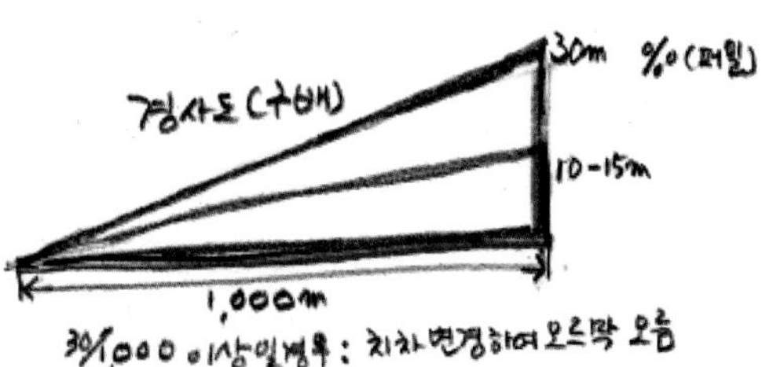

경사도

경사진 기울기를 수평면에 대한 각도로 나타내거나 수평거리에 대한 수직 높이의 비율

치차비

견인전동기에서 차축으로 동력을 전달할 때 감속기가 설치되어 견인전동기의 회전수를 낮추어 차륜을 회전시키게 된다.

예를 들어 견인 전동기 치차의 톱니바퀴수가 20개이고 구동축 치차의 톱니바퀴수가 57개이면 치차비는 57/20=2.85

치차비가 높으면 구동축이 강한 힘이 전달되므로 가속력이 빠르고 구배에 강하다. 하지만 구동축의 회전속도가 떨어지므로 최고속도 또한 높지 않게 된다.

예제 **다음 중 열차가 정거장 외에서 정차할 수 있는 경우가 아닌 것은?**

가. 경사도가 1000분의 30이상인 급경사 구간에 진입하기 전의 경우

나. 정지신호의 현시가 있는 경우

다. 철도사고 등의 발생 우려가 있는 경우

라. 서행수신호에 의하여 운전하는 경우

해설 철도차량운전규칙 제22조(열차의 정거장 외 정차금지): 서행수신호에 의하여 운전하는 경우는 열차가 정거장 외에서 정차할 수 있는 경우가 아니다.

예제 **다음 중 정거장 외에서 열차를 정차하여야 하는 경우로 거리가 먼 것은?**

가. 철도사고등이 발생하거나 철도사고등의 발생우려가 있는 경우
나. 경사도가 1,000분의 30이상인 급경사 구간에 진입하기 전의 경우
다. 정지신호의 현시가 있는 경우
라. 서행허용표지가 설치된 자동폐색신호기에 정지신호가 현시된 경우

해설 철도차량운전규칙 제22조(열차의 정거장외 정차금지): '서행허용표지가 설치된 자동폐색신호기에 정지신호가 현시된 경우'는 정차하는 경우에 해당되지 않는다.

예제 **철도차량운전규칙에서 "열차는 정거장 외에서는 정차하여서는 아니된다. 다만 다음 각호의 어느 하나에 해당하는 경우에는 그러하지 아니하다."에서 어느 하나에 해당되는 것을 모두 고른 것은?**

㉠ 경사도가 1,000분의 35 이상인 급경사 구간에 진입하기 전의 경우
㉡ 정지신호의 현시가 있는 경우
㉢ 철도사고 등이 발생하거나 철도사고 등의 발생 우려가 있는 경우

가. ㉠
나. ㉠, ㉡
다. ㉡, ㉢
라. ㉠, ㉡, ㉢

해설 철도차량운전규칙 제22조(열차의 정거장외 정차금지): 열차의 정거장외에서는 정차하여서는 아니된다. 다만, 다음 각 호의 어느 하나에 해당하는 경우에는 그러하지 아니하다.
1. 경사도가 1,000분의 30 이상인 급경사 구간에 진입하기 전의 경우
2. 정지신호의 현시(現示)가 있는 경우
3. 철도사고등이 발생하거나 철도사고등의 발생 우려가 있는 경우
4. 그 밖에 철도안전을 위하여 부득이 정차하여야 하는 경우

제23조(열차의 운행시각)

철도운영자등은 정거장에서의 열차의 출발·통과 및 도착의 시각을 정하고 이에 따라 열차를 운행하여야 한다. 다만, 긴급하게 임시열차를 편성하여 운행하는 경우 등 부득이한 경우에는 그러하지 아니하다.

[제23조 열차의 운행시각]

철도운영자등은 정거장에서의 열차의 출발 · 통과 · 도착의 시각을 정하고 열차 운행(특급열차는 통과) (통과: 정류장의 중간부분을 지날 때) (도착 정해진 위치에서 정지한다)
(단) 긴급하게 임시열차를 편성하여 운행하는 경우 등 부득이한 경우에는 예외

부천/순천 방면

열차번호	도착시간	출발시간	종착역	종착역도착
1623	03:05	03:06	부천	04:11
1761	07:11	07:13	부천	08:23
1771	08:33	–	태화강	08:33
1773	09:16	09:17	부천	10:23
1775	10:22	10:23	부천	11:36
1777	11:20	11:21	부천	12:26
1779	12:25	12:26	부천	13:39
1781	13:27	13:28	부천	14:40
1621	14:47	14:49	부천	16:51
1943	17:27	17:28	순천	22:00
1785	17:46	–	태화강	17:46
1787	18:48	18:49	부천	19:59
1789	19:45	–	태화강	17:46
1681	20:03	20:04	부천	21:14
1791	21:04	21:06	부천	22:20
1793	21:54	21:55	부천	23:05
1795	23:10	23:12	부천	00:23

제24조(운전정리)

철도사고등의 발생 등으로 인하여 열차가 지연되어 열차의 운행일정의 변경이 발생하여 열차운행상 혼란이 발생한 때에는 열차의 종류, 등급, ·목적지 및 연계수송 등을 고려하여 운전정리를 행하고, 정상운전으로 복귀되도록 하여야 한다.

예제 **철도사고 등의 발생 등으로 인하여 열차가 지연되어 열차의 [ ]의 변경이 발생하여 열차운행상 혼란이 발생한 때에는 열차의 [ ], [ ], [ ] 등을 고려하여 [ ]를 행하고, 정상운전으로 복귀되도록 하여야 한다.**

정답 운행일정, 종류, 등급, 목적지 및 연계수송, 운전정리

[제24조(운전 정리)]

철도사고 등의 발생 등으로 인하여 열차가 지연되어 열차의 운행 일정의 변경이 발생하여 열차운행상 혼란이 발생한 때에는
열차의 종류 - 등급 - 목적지 및 연계수송 등을 고려하여 운전정리를 행하고, 정상운전으로 복귀되도록 하여야 한다.

예제 **철도차량운전규칙에서 열차의 운전에 대한 설명으로 틀리는 것은?**

가. 열차의 운행시각은 철도운영자가 정한다.

나. 열차에 화재가 발생한 장소가 지하구간인 경우에는 가장 가까운 역 또는 지하구간 밖으로 운전하는 것이 원칙이다.

다. 열차는 정거장외에서 정차할 수 없으나 1,000분의 30 급경사구간에 진입하기 전에는 정차할 수 있다.

라. 철도사고등이 발생하였을 경우 철도차량의 종류 · 등급분류 · 도착지 및 차량기지 등을 고려하여 운전정리를 하여야 한다.

해설 철도차량운전규칙 제24조(운전정리): 철도사고등의 발생 등으로 인하여 열차가 지연되어 열차의 운행일정의 변경이 발생하여 열차운행상 혼란이 발생한 때에는 열차의 종류 · 등급 · 목적지 및 연계수송 등을 고려하여 운전정리를 행하고, 정상운전으로 복귀되도록 하여야 한다.

제25조(열차 출발시의 사고방지)

철도운영자 등은 열차를 출발시키는 경우 여객이 객차의 출입문에 끼었는지의 여부, 출입문의 닫힘 상태 등을 확인하는 등 여객의 안전을 확보할 수 있는 조치를 하여야 한다.

예제 **철도운영자 등은 열차를 출발시키는 경우 [ ]이 [ ], [ ] 등을 확인하는 등 여객의 안전을 확보할 수 있는 조치를 하여야 한다.**

정답 여객, 객차의 출입문에 끼었는지의 여부, 출입문의 닫힘 상태

[제25조 열차 출발 시의 사고방지]

철도운영자(KORAIL사장) 등은 열차를 출발시키는 경우 여객이 객차의 출입문에 끼었는지, 출입문 등 여객의 안전을 확보할 수이 잘 닫혔는지 여객 안전의 확보 조치를 해야 한다.

누리로 열차 출입문 오작동...
수동으로 문 닫고 출발

출입문
- 차측 등(12.5mm 열리면 빨간 불이 점등, 차장이 본다)
- 출발 지시등(7.5mm 기관사가 본다)
- 차장의 발차 전호 누른다 15(초) Open: 2.5s Close: 3.0s

※ 운전업무 종사자가 조치사항 이행 안 할 경우 과태료 300만원

제26조(열차의 퇴행 운전)

① 열차는 퇴행하여서는 아니된다. 다만, 다음 각 호의 어느 하나에 해당하는 경우에는 그러하지 아니하다.

[퇴행해도 되는 경우]

1. 선로 · 전차선로 또는 차량에 고장이 있는 경우
2. 공사열차 · 구원열차 또는 제설열차가 작업상 퇴행할 필요가 있는 경우
3. 뒤의 보조기관차를 활용하여 퇴행하는 경우
4. 철도사고등의 발생 등 특별한 사유가 있는 경우

예제 **공사열차 · [ ] 또는 [ ]가 작업상 퇴행할 필요가 있는 경우에는 퇴행이 가능하다.**

정답 구원열차, 제설열차

[제26조 열차의 퇴행 운전]

① 열차는 퇴행하여서는 아니된다.

예외
1. 선로 · 전차선로 또는 차량에 고장 시
2. 공사열차 · 구원열차 또는 제설열차가 작업상 퇴행 시
3. 뒤의 보조기관차를 활용하여 퇴행 시
4. 철도사고 등의 발생 등 특별한 사유가 있는 경우(열차를 시험 운전하는 경우: 퇴행할 수 없다)

② 퇴행하는 경우에는 다른 열차 또는 차량의 운전에 지장이 없도록 조치

퇴행운전 방향
기관사는 현위치
열차를 시험 운전하는 경우 : 퇴행 할 수 없다.

예제 **다음 중 열차가 퇴행운전을 할 수 있는 경우로 틀린 것은?**

가. 차량에 고장이 발생한 경우

나. 열차를 운행 중 운행장애가 발생한 경우

다. 뒤의 보조기관차를 활용하여 퇴행하는 경우

라. 제설열차가 작업상 퇴행할 필요가 있는 경우

해설 철도차량운전규칙 제26조(열차의 퇴행 운전) 제1항: '열차를 운행 중 운행장애가 발생한 경우'는 퇴행 운전할 수 없다. 참고로 운행장애는 교통사고가 아니다.

예제 **다음 중 열차를 퇴행운전을 할 수 있는 경우에 해당하지 않는 것은?**

가. 선로 또는 차량에 고장이 있는 경우

나. 뒤의 보조기관차를 활용하여 퇴행하는 경우

다. 철도사고등의 발생 등 특별한 사유가 있는 경우

라. 객차에 제동 불완해가 발생한 경우

해설 철도차량운전규칙 제26조(열차의 퇴행 운전) 제1항: 객차에 제동 불완해가 발생한 경우는 퇴행운전할 수 없다.

② 제1항 단서의 규정에 의하여 퇴행하는 경우에는 다른 열차 또는 차량의 운전에 지장이 없도록 조치를 취하여야 한다.

제27조(열차의 재난방지)

폭풍우·폭설·홍수·지진·해일 등으로 열차에 재난 또는 위험이 발생할 우려가 있는 때에는 그 상황을 고려하여 열차운전을 일시 중지하거나 운전속도를 제한하는 등의 재난 위험 방지조치를 강구하여야 한다.

[제27조 열차의 재난방지]

폭풍우 · 폭설 · 홍수 – 지진 – 해일 등으로 열차에 재난 또는 위험이 발생할 우려가 있는 때에는 그 상황을 고려하여 열차 운전을 일시 중지하거나 운전 속도를 제한하는 등의 재난 위험방지 조치를 강구

서울교통공사 운전취급 규정

1. 선로 침수 시 조치
   (1) 수위가 레일 면 이하 시 15km/h 이하 주위 통과
   (2) 수위가 레일 면 이상 시 열차 운행 중지
2. 폭풍 시 조치
   (1) 풍속 20m/s 이상 시: 주의 운전
   (2) 풍속 25m/s 이상 시: 상황에 따라 일시 정지

(3) 풍속 30m/s 이상 시: 일시 운전 정지

지진 소리와 함께 기울어진 열차 (한겨레모바일)

부산 부산진구 양장동 도시철도 1호선 양정역사에서 엘리베이트 공사를 하던 중 대형 상수관이 파손되면서 흙탕물이 승강장에서 선로로 흘러내리고 있다. (국제신문)

제28조(열차의 동시 진출·입 금지)

2 이상의 열차가 정거장에 진입하거나 정거장으로부터 진출하는 경우로서 열차 상호간 그 진로에 지장을 줄 염려가 있는 경우에는 2 이상의 열차를 동시에 정거장에 진입시키거나 진출시킬 수 없다.

예제 **2 이상의 열차가 정거장에 [ ]하거나 정거장으로부터 [ ]하는 경우로서 열차 상호간 [ ]가 있는 경우에는 [ ]를 [ ]에 정거장에 진입시키거나 진출시킬 수 없다.**

정답 진입, 진출, 그 진로에 지장을 줄 염려, 2 이상의 열차, 동시

다만, 다음 각 호의 어느 하나에 해당하는 경우에는 그러하지 아니하다.

[2 이상의 열차를 동시에 정거장에 진입시키거나 진출시킬 수 있는 경우]

1. 안전측선·탈선선로전환기·탈선기가 설치되어 있는 경우
2. 열차를 유도하여 서행으로 진입시키는 경우
3. 단행기관차로 운행하는 열차를 진입시키는 경우

4. 다른 방향에서 진입하는 열차들이 출발신호기 또는 정차위치로부터 200미터(동차 · 전동차의 경우에는 150미터) 이상의 여유거리가 있는 경우
5. 동일방향에서 진입하는 열차들이 각 정차위치에서 100미터 이상의 여유거리가 있는 경우

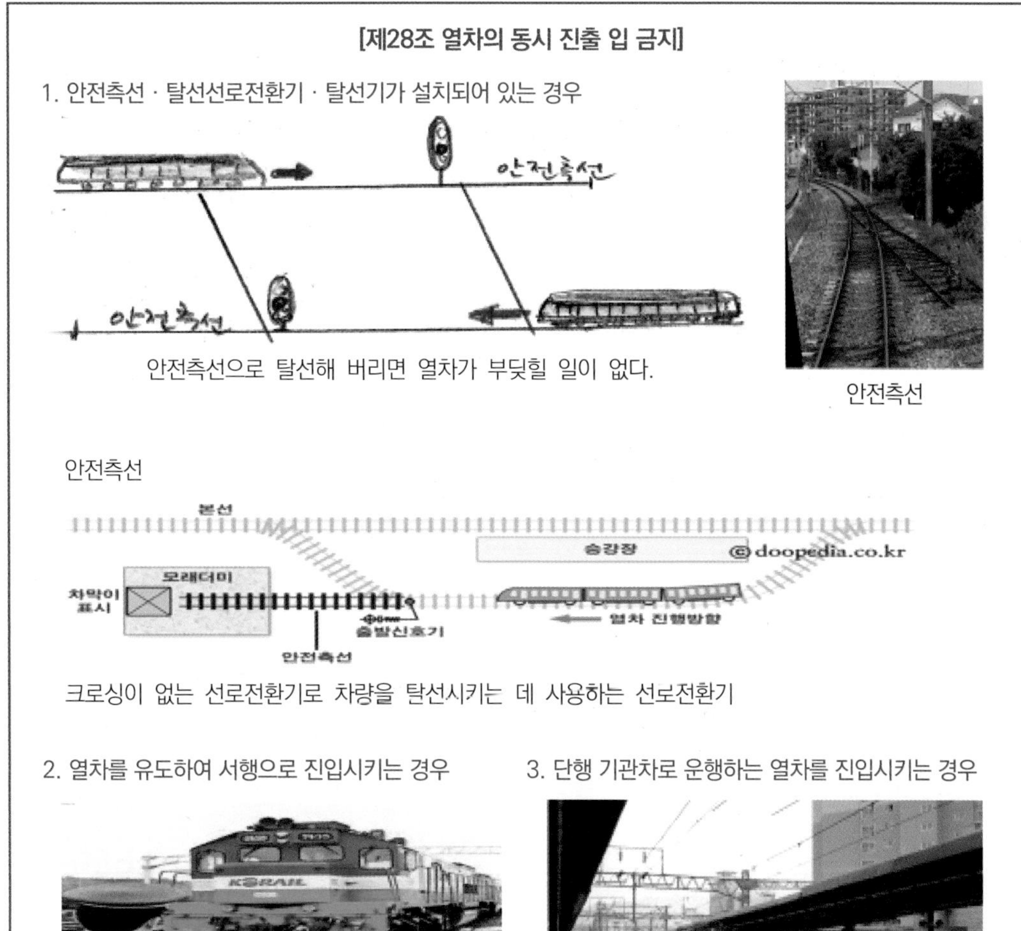

[제28조 열차의 동시 진출 입 금지]
1. 안전측선 · 탈선선로전환기 · 탈선기가 설치되어 있는 경우
안전측선
안전측선
안전측선으로 탈선해 버리면 열차가 부딪힐 일이 없다.
안전측선
안전측선
본선
승강장
© doopedia.co.kr
모래더미
차막이 표시
출발신호기
열차 진행방향
안전측선
크로싱이 없는 선로전환기로 차량을 탈선시키는 데 사용하는 선로전환기
2. 열차를 유도하여 서행으로 진입시키는 경우
3. 단행 기관차로 운행하는 열차를 진입시키는 경우
KORAIL

단행 기관차

[탈선기가 설치되어 있는 안전측선]

4. 다른 방향에서 진입하는 열차들이 출발신호기 또는 정차위치로부터 200미터 (동차 · 전동차의 경우에는 '150미터' (시험답안)) 이상의 여유거리가 있는 경우

5. 동일방향에서 진입하는 열차들이 각 정차위치에서 100미터 이상의 여유거리가 있는 경우
철도안전법에서 철로로 부터 30M: 철도보호지구 등 암기 필요

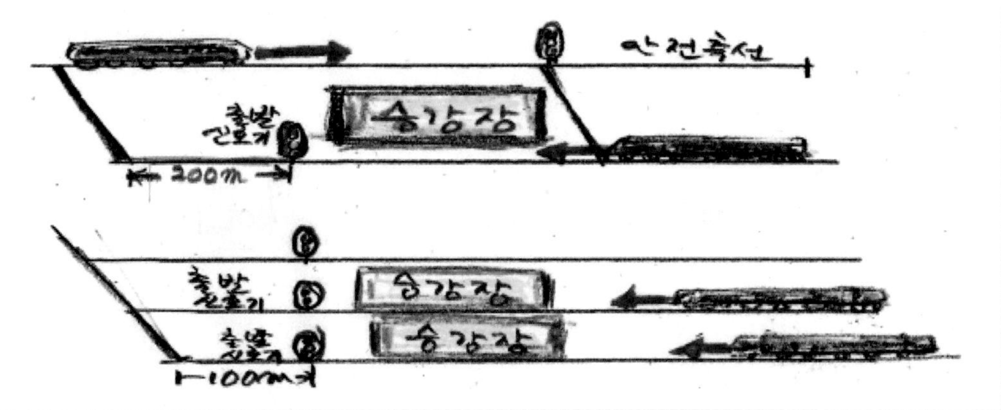

예제 **철도차량운전규칙에서 열차상호간 그 진로에 지장을 줄 염려가 있을 경우 열차를 동시에 정거장에 진출, 진입할 수 없는 경우이다. 맞는 것은?**

가. 단행기관차로 운행하는 열차를 진입시키는 경우

나. 안전측선, 탈선선로전환기, 탈선기가 설치되어있는 경우

다. 열차를 유도하여 서행으로 진입시키는 경우

라. 공사열차, 구원열차를 운전하는 경우

해설 철도차량운전규칙 제28조(열차의 동시 진출 · 입 금지): '공사열차, 구원열차를 운전하는 경우'는 열차를 동시에 정거장에 진출, 진입할 수 없는 경우이다.

[제28조 열차의 동시 진출입 금지]

2 이상의 열차가 정거장에 진입, 진출 시 열차 상호 간 그 진로에 지장을 줄 염려가 있는 경우에는 2 이상의 열차를 동시에 정거장에 진입시키거나 진출시킬 수 없다.

예외

1. 안전측선 · 탈선 선로전환기 · 탈선기가 설치되어 있는 경우
2. 열차를 유도하여 서행으로 진입시키는 경우
3. 단행기관차로 운행하는 열차를 진입시키는 경우
4. 다른 방향에서 진입하는 열차들이 출발신호기 또는 정차위치로부터 200미터(동차 · 전동차의 경우에는 150미터) 이상의 여유거리가 있는 경우
5. 동일방향에서 진입하는 열차들이 각 정차위치에서 100미터 이상의 여유거리가 있는 경우

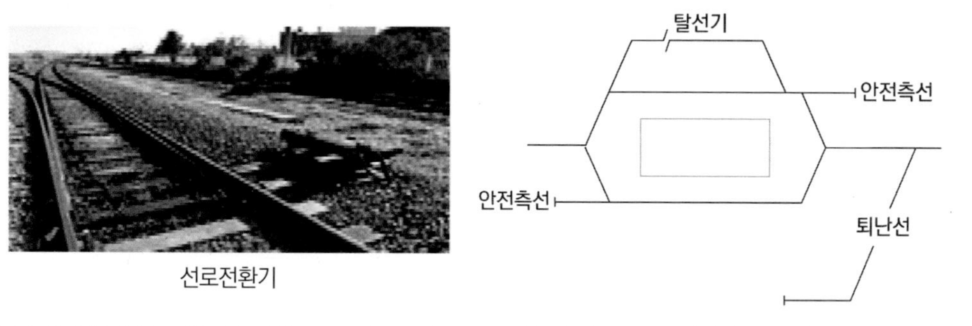

선로전환기

예제 **열차가 정거장에 진출 및 진입 시 2개 이상의 열차가 동시에 진출 및 진입하는 경우가 아닌 것은?**

가. 열차를 유도하여 선로전환기로 진출시키는 경우

나. 안전측선 · 탈선선로전환기 · 탈선기가 설치되어 있는 경우

다. 다른 방향에서 진입하는 열차들이 출발신호기 또는 정차위치로부터 200미터(동차 · 전동차의 경우에는 150미터) 이상의 여유거리가 있는 경우

라. 동일방향에서 진입하는 열차 등이 각 정차위치에서 100미터 이상의 여유거리가 있는 경우

해설 철도차량운전규칙 제28조(열차의 동시 진출 · 입 금지): 열차를 유도하여 선로전환기로 진출시키는 경우는 2개 이상의 열차가 동시에 진출 및 진입하는 경우가 아니다.

예제 **다음 중 정거장에서 열차의 동시 진출·입 시킬 수 있는 경우가 아닌 것은?**

가. 안전측선·탈선선로전환기·탈선기가 설치되어 있는 경우

나. 열차를 유도하여 서행으로 진입시키는 경우

다. 단행기관차로 운행하는 열차를 진입시키는 경우

라. 다른 방향에서 진입하는 열차들이 각 정차위치에서 150미터 이상 여유거리가 있는 경우

해설 철도차량운전규칙 제28조(열차의 동시 진출 · 입 금지) 제5호: 4. 다른 방향에서 진입하는 열차들이 출발신호기 또는 정차위치로부터 200미터(동차 · 전동차의 경우에는 150미터) 이상의 여유거리가 있는 경우, 5.동일방향에서 진입하는 열차 등이 각 정차위치에서 100미터 이상의 여유거리가 있는 경우

제29조(열차의 긴급정지 등)

철도사고 등이 발생하여 열차를 급히 정지시킬 필요가 있는 경우에는 지체 없이 정지신호를 표시하는 등 열차정지에 필요한 조치를 취하여야 한다.

[제29조 열차의 긴급 정지 등]

철도사고등이 발생하여 열차를 급히 정지시킬 필요가 있는 경우에는 지체없이 정지신호를 표시하는 등 열차정지에 필요한 조치를 취하여야 한다. (정지신호 현시, 정지신호, 단락용 동선, 폭음신호)

단락용동선의 설치법

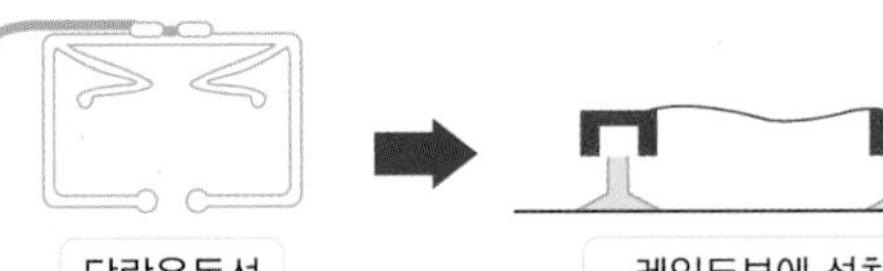

단락용동선 / 레일두부에 설치

단락용 동선을 양쪽 레일에 맞물려 놓으면 운전자가 마치 그 구간에 열차가 있는 것처럼 인식을 하여 신호기가 장지를 현시하게끔 만들어 주는 방호용 기구

-열차의 차장 및 기관사

가정지수신호에 의한 방호 지장지점으로부터 정지수신호를 현시하면서 주행하여 400m 이상의 지점에 정지수신호를 현시하여야 한다.

적색기 현시

두 팔이나 머리 위에서 흔든다.(정지)

한 팔을 하면 (진행)

옷이나 물건을 급히 흔든다.

제30조(선로의 일시 사용중지)

① 선로의 개량 또는 보수 등으로 열차의 운행에 지장을 주는 작업 또는 공사가 시행중인 구간에는 열차를 진입시켜서는 아니된다.

② 제1항의 규정에 의한 작업 또는 공사가 완료된 경우에는 열차의 운행에 지장이 없는지를 확인하고 열차를 운행시켜야 한다.

[제30조 선로의 일시 사용중지]

① 선로의 개량 또는 보수(선로전환기 교체, 레일 교환, 레일용접, 도상공사) 등 열차의 운행에 지장을 주는 작업 또는 공사가 시행중인 구간에는 열차를 진입시켜서는 안 된다.
② 작업 또는 공사가 완료된 경우에는 열차의 운행에 지장이 없는 지를 확인하고 열차를 운행시켜야 한다.

선로 개량차(레일의 넓이, 미세한 뒤틀림 등)점검

선로 보수하는 작업자들 [연합뉴스 자료사진]

제31조(구원열차 요구 후 이동금지)

① 철도사고등의 발생으로 인하여 정거장 외에서 열차가 정차하여 구원열차를 요구하였거나 구원열차 운전의 통보가 있는 경우에는 당해 열차를 이동하여서는 아니된다. 다만, 다음 각 호의 어느 하나에 해당하는 경우에는 그러하지 아니하다.

1. 철도사고등이 확대될 염려가 있는 경우
2. 응급작업을 수행하기 위하여 다른 장소로 이동이 필요한 경우

예제 **철도사고등의 발생으로 인하여 [　　　　]에서 열차가 정차하여 [　　　　]를 요구하였거나 [　　　　] 운전의 통보가 있는 경우에는 당해 열차를 [　　　　　　　]**

정답 정거장 외, 구원열차, 구원열차, 이동하여서는 아니된다.

② 철도종사자는 제1항 단서의 규정에 의하여 열차 또는 차량을 이동시키는 경우에는 지체 없이 구원열차의 운전자와 관제업무종사자 또는 차량운전취급책임자에게 그 이동내용과 이동사유를 통보하여야 하며, 상당거리를 이동시킨 때에는 정지수신호 등 안전조치를 취하여야 한다.

예제 **철도종사자는 제1항 단서의 규정에 의하여 차량을 이동시키는 경우에는 지체없이 [ ]와 [ ] 또는 [ ]에게 그 [ ]과 [ ]를 통보하여야 하며, [ ]시킨 때에는 [ ] 등 안전조치를 취하여야 한다.**

정답 구원열차의 운전자, 관제업무종사자, 차량운전취급책임자, 이동내용, 이동사유, 상당거리를 이동, 정지수신호

[제31조 구원 열차 요구 후 이동금지]

① 철도사고등의 발생으로 인하여 정거장 외에서 열차가 정차하여 구원열차를 요구하였거나 구원열차 운전의 통보가 있는 경우에는 사고열차를 이동하여서는 아니된다.

예외
1. 철도사고등이 확대될 염려가 있는 경우
2. 응급작업을 수행하기 위하여 다른 장소로 이동이 필요한 경우

② 철도종사자는 열차 또는 차량을 이동시키는 경우 지체 없이 구원열차의 운전자와 관제업무종사자 또는 차량운전취급책임자(Korail구간은 역장)에게 그 이동내용과 이동사유를 통보하여야 하며, 상당거리를 이동시킨 때에는 정지 수신호 등 안전조치를 취하여야 한다.

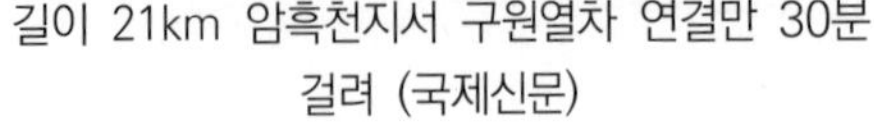
길이 21km 암흑천지서 구원열차 연결만 30분 걸려 (국제신문)

예제 **다음 중 구원열차 요구 후 이동금지와 관련한 설명으로 틀린 것은?**

가. 철도사고등이 확대될 염려가 있는 경우에는 구원열차 요구 이후에도 이동할 수 있다.

나. 구원열차의 위치를 파악하기 어려운 경우에는 인접역장의 승인 후에 열차를 이동할 수 있다.

다. 철도종사자는 구원열차 요구 후 열차를 이동시키는 경우에는 지체없이 구원열차의 운전자와 관제업무종사자 또는 차량운전취급책임자에게 그 이동내용과 이동사유를 통보하여야 한다.

라. 철도종사자는 구원열차 요구 후 열차를 상당거리 이동시킨 때에는 정지수신호 등 안전조치를 취하여야 한다.

해설 철도차량운전규칙 제31조(구원열차 요구 후 이동금지) 제1항: 나. 구원열차의 위치를 파악하기 어려운 경우에는 인접역장의 승인 후에 열차를 이동할 수 있다는 옳지 않다.

예제 **다음 중 구원열차 요구 후 이동금지에 관한 내용으로 맞지 않는 것은?**

가. 구원열차 요구 후 열차를 상당거리 이동시키는 경우 정지수신호로 안전조치를 취해야 한다.

나. 정거장 외에서 열차가 정차하여 구원열차를 요구하였을 시 열차를 이동시킬 수 없다.

다. 철도사고등이 확대될 염려가 있는 경우에는 구원열차 요구 후에도 이동할 수 있다.

라. 구원열차 요구 후 열차를 이동시키는 경우 후속열차의 기관사와 관제사에게 이동내용과 이동사유를 통보해야 한다.

해설 철도차량운전규칙 제31조(구원열차 요구 후 이동금지) 제1항: 1. 철도사고등이 확대될 염려가 있는 경우 2. 응급작업을 수행하기 위하여 다른 장소로 이동이 필요한 경우 이외에는 구원열차를 요구하였거나 구원열차 운전의 통보가 있는 경우에는 당해 열차를 이동하여서는 아니된다.

제32조(화재발생시의 운전)

① 열차에 화재가 발생한 경우에는 조속히 소화의 조치를 하고 여객을 대피시키거나 화재가 발생한 차량을 다른 차량에서 격리시키는 등의 필요한 조치를 하여야 한다.

예제 **열차에 화재가 발생한 경우에는 (1)[ ]를 하고 (2)[ ] (3)[ ]시키는 등의 필요한 조치를 하여야 한다.**

정답 조속히 소화의 조치, 여객을 대피시키거나, 화재가 발생한 차량을 다른 차량에서 격리

② 열차에 화재가 발생한 장소가 교량 또는 터널 안인 경우에는 우선 철도차량을 교량 또는 터널 밖으로 운전하는 것을 원칙으로 하고, 지하구간인 경우에는 가장 가까운 역 또는 지하구간 밖으로 운전하는 것을 원칙으로 한다.

[제32조 화재발생시의 운전]

1. 열차에 화재가 발생한 경우에는
   (1) 조속히 소화의 조치를 하고
   (2) 여객을 대피 시키거나 화재가 발생한 차량을
   (3) 다른 차량에서 격리 (분리)시키는 등의 필요한 조치 를 하여야 한다(화재 발생시 조치순서는 어떻게 되는가?).
2. 열차에 화재가 발생한 장소가 교량 또는 터널 안인 경우에는 우선 철도차량을 교량 또는 터널 밖으로 운전하는 것을 원칙으로 하고, 지하구간인 경우에는 가장 가까운 역 또는 지하구간 밖으로 운전하는 것을 원칙으로 한다.

화재발생시 - 대전도시철도공사

예제 **열차에 화재가 발생한 장소가 [ ] 또는 [ ] 안인 경우에는 우선 철도차량을 [ ] 또는 [ ] 운전하는 것을 원칙으로 한다(제32조(화재발생시의 운전))**

정답 교량, 터널, 교량, 터널 밖으로

예제 **지하구간인 경우에는 [ ] 또는 [ ] 운전하는 것을 원칙으로 한다.**

정답 가장 가까운 역, 지하구간 밖으로

예제 **열차 운행 중 화재 발생 시 운전 취급에 관한 설명 중 틀린 것은?**

가. 지하구간은 가까운 역까지 운전하는 것이 원칙이다.

나. 화재발생시 교량 위는 정차하지 않는 것이 원칙이다.

다. 화재확산 방지를 위하여 터널 내에서 조치하는 것이 원칙이다.

라. 구원열차 요구 후 또는 구원운전의 통보 시 해당 열차는 이동을 금지하여야 한다.

해설 철도차량운전규칙 제32조(화재발생시의 운전) 제2항 열차에 화재가 발생한 장소가 교량 또는 터널 안인 경우에는 우선 철도차량을 교량 또는 터널 밖으로 운전하는 것을 원칙으로 하고, 지하구간인 경우에는 가장 가까운 역 또는 지하구간 밖으로 운전하는 것을 원칙으로 한다.

제32조의2(무인운전 시의 안전확보 등)

열차를 무인운전하는 경우에는 다음 각 호의 사항을 준수하여야 한다.

[무인운전 시 준수사항]

1. 철도운영자등이 지정한 철도종사자는 차량을 차고에서 출고하기 전 또는 무인운전 구간으로 진입하기 전에 운전방식을 무인운전 모드(mode)로 전환하고, 무인운전 관제업무종사자로부터 무인운전 기능을 확인받을 것

예제 **철도종사자는 차량을 차고에서 출고하기 전 또는 무인운전 구간으로 진입하기 전에 운전방식을 [ ]로 전환하고, 무인운전 [ ]로부터 무인운전 [ ]을 확인받을 것**

정답 무인운전 모드(mode), 관제업무종사자, 기능

2. 무인운전 관제업무종사자는 열차의 운행상태를 실시간으로 감시하고 필요한 조치를 할 것
3. 무인운전 관제업무종사자는 열차가 정거장의 정지선을 지나쳐서 정차한 경우 다음 각 목의 조치를 할 것

   가. 후속 열차의 해당 정거장 진입 차단

   나. 철도운영자등이 지정한 철도종사자를 해당 열차에 탑승시켜 수동으로 열차를 정지선으로 이동

다. 나목의 조치가 어려운 경우 해당 열차를 다음 정거장으로 재출발

예제 **무인운전 관제업무종사자는 열차가 정거장의 [ ]한 경우 다음 각 목의 조치를 할 것**

가. [ ]의 해당 정거장 [ ]

나. 철도운영자등이 [ ]를 해당 열차에 [ ]시켜 [ ]으로 열차를 [ ]으로 이동

다. 나목의 조치가 어려운 경우 해당 열차를 [ ]으로 재출발

정답 정지선을 지나쳐서 정차, 후속 열차, 진입 차단, 지정한 철도종사자, 탑승, 수동, 정지선, 다음 정거장

4. 철도운영자등은 여객의 승하차 시 안전을 확보하고 시스템 고장 등 긴급상황에 신속하게 대처하기 위하여 정거장 등에 안전요원을 배치하거나 순회하도록 할 것

[제32조의2 무인운전 시의 안전확보 등]

무인운전 시 준수 사항

1. 철도종사자는 차량을 차고에서 출고 (차량이 조차장 (차고)에서 본선으로 나옴) 하기 전 또는 무인운전 구간으로 진입하기 전에 운전방식을 무인운전 모드(mode)로 전환하고, 무인운전 관 제업무종사자로부터 무인운전 기능을 확인받을 것
2. 무인운전 관제사는 열차의 운행상태를 실시간으로 감시하고 필요한 조치를 할 것
3. 무인운전 관제사는 열차가 정거장의 정지선을 지나 정차 시(1~2m 레일에 미끄럼부분 등) 조치사항
   가. 후속 열차의 해당 정거장 진입 차단
   나. 철도종사자(면허증 있는 안전요원)를 열차에 탑승시켜 수동으로 열차를 정지선으로 이동
   다. 나 목의 조치가 어려운 경우 해당 열차를 다음 정거장으로 재출발
4. 여객의 승하차 시 안전을 확보하고 시스템 고장 등 긴급상황에 신속하게 대처하기 위하여 정거장 등에 안전요원을 배치하거나 순회하도록 할 것

예제 **다음 중 열차에 화재발생 시 조치로 맞지 않는 것은?**

가. 화재가 발생한 때 조속히 소화 조치를 취하여야 한다.

나. 화재가 발생한 때 여객을 대피시키거나 화재가 발생한 차량을 다른 차량에서 격리시킨다.

다. 터널 안에서 화재가 발생한 때 화재확산방지를 위하여 터널 내에서 소화조치하여야 한다.

라. 지하구간에서 화재가 발생한 때 가장 가까운 역 또는 지하구간 밖으로 운전하는 것을 원칙으로 한다.

해설 철도차량운전규칙 제32조(화재발생시의 운전) 제1항: 열차에 화재가 발생한 장소가 교량 또는 터널 안인 경우에는 우선 철도차량을 교량 또는 터널 밖으로 운전하는 것을 원칙으로 한다.

예제 **철도차량 운전규칙에서 열차화재발생시의 조치로 잘못된 것은?**

가. 소화조치를 하고 여객을 대피시킨다.

나. 화재발생차량을 다른 차량에서 격리시킨다.

다. 지하구간에서 발생한 경우 가장 가까운 역까지 운전한다.

라. 교량이나 터널에서 발생한 경우 즉시 정차 후 소화 조치를 한다.

해설 철도차량운전규칙 제32조(화재발생시의 운전): 열차에 화재가 발생한 장소가 교량 또는 터널 안인 경우에는 우선 철도차량을 교량 또는 터널 밖으로 운전하는 것을 원칙으로 하고, 지하구간인 경우에는 가장 가까운 역 또는 지하구간 밖으로 운전하는 것을 원칙으로 한다.

제33조(특수목적열차의 운전)

철도운영자등은 특수한 목적으로 열차의 운행이 필요한 경우에는 당해 특수목적열차의 운행계획을 수립·시행하여야 한다.

예제 **철도운영자등은 [ ] 목적으로 열차의 운행이 필요한 경우에는 당해 [ ]의 [ ]을 수립·시행하여야 한다.**

정답 특수한, 특수목적열차, 운행계획

제3절 열차의 운전속도

제34조(열차의 운전 속도)

① 열차는 선로 및 전차선로의 상태, 차량의 성능, 운전방법, 신호의 조건 등에 따라 안전한 속도로 운전하여야 한다.

예제 **열차는 [   ], [   ], [   ], [   ] 등에 따라 안전한 속도로 운전하여야 한다**

정답 선로 및 전차선로의 상태, 차량의 성능, 운전방법, 신호의 조건

② 철도운영자등은 다음 각 호를 고려하여 선로의 노선별 및 차량의 종류별로 열차의 최고속도를 정하여 운용하여야 한다.

예제 **철도운영자등은 다음 각 호를 고려하여 선로의 [   ] 및 [   ]로 열차의 [   ]를 정하여 운용하여야 한다.**

정답 노선별, 차량의 종류별, 최고속도

1. 선로에 대하여는 선로의 굴곡의 정도 및 선로전환기의 종류와 구조
2. 전차선에 대하여는 가설방법 별 제한속도

[노선별, 차량종류별 열차 최고 속도 설정]

- 선로의 곡선, 구배(내리막 제한속도 ×, 오르막은 등판능력 따라 운행), 선로전환기의 종류(10번, 12번, 편개, 양개)
- 전차선 가설 방법별 제한 속도(카테나리, 강체차선)
- 선로: 지하철 최고속도 90km/h, 곡선 속도 60km/h
- 전차 선로: 교직 연결구간 통과속도 60km/h
- 차량성능: 전기동차 110km/h
- 운전방법: 밀기 운전 25km/h(입환, 밀거나 뒤로 가거나, 인상선 진입시 15km/h)
- 신호조건: 경계신호 25km/h, 주의신호 45km/h, 감속신호 65km/h

예제 **다음 중 철도운영자가 열차의 최고속도를 정함에 있어 고려하여야 할 사항 중 틀린 것은?**

가. 내리막 제한속도　　나. 선로의 굴곡의 정도
다. 선로전환기의 종류와 구조　　라. 전차선의 가설방법별 제한속도

해설 철도차량운전규칙 제34조(열차의 운전 속도) 제2항: 내리막 제한속도는 고려사항이 아니다.

[열차의 운전속도]

신호기(ATS적용)		Km/h
형태	신호종류	운전속도
	정지신호	정지
	경계신호	25
	주의신호	45
	감속신호	65
	진행신호	허용속도
	입환신호	25
	임시신호	지정속도

차내신호기(ATC적용)		Km/h
형태	신호종류	운전속도
	"0"신호	정지(15)
	25(YARD)	25
	25(본선)	25
	40신호	40
	60신호	60
	70신호	70
	80신호	80

[열차, 차량의 운전 제한 속도]

구분	제한 속도
1. 서행신호 현시구간을 운전 시	지정속도
2. 추진 운전 시 (총괄 제어법에 의해 열차 맨 앞에서 제외되는 경우 제외)	25km/h
3. 퇴행 운전 시	25km/h
4. 선로전환기를 대향으로 운전 시	지정속도
5. 입환 운전 시	25km/h
6. 전령법 운전 시	25km/h
7. 수 신호 현시 구간 운전 시	25km/h
8. 지령 운전 시	45km/h
9. 폭음신호, 화염신호, 특수 신호에 의하여 운전 시	
10. 철도안전을 위하여 필요하다고 인정 시	

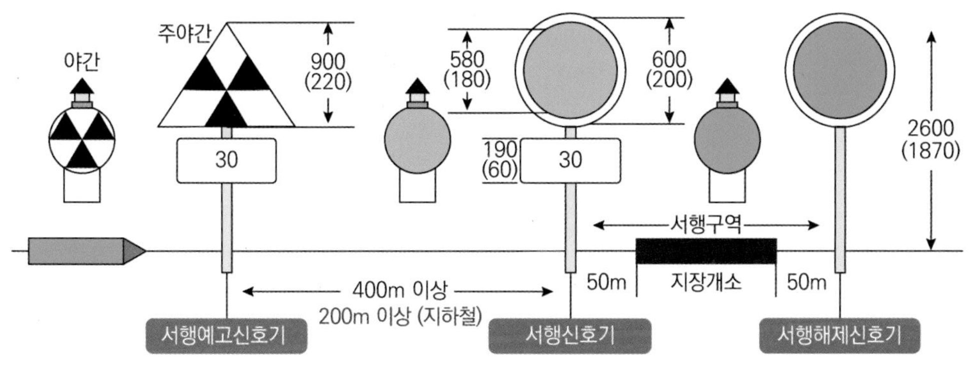

[분기기와 분기기 명칭]

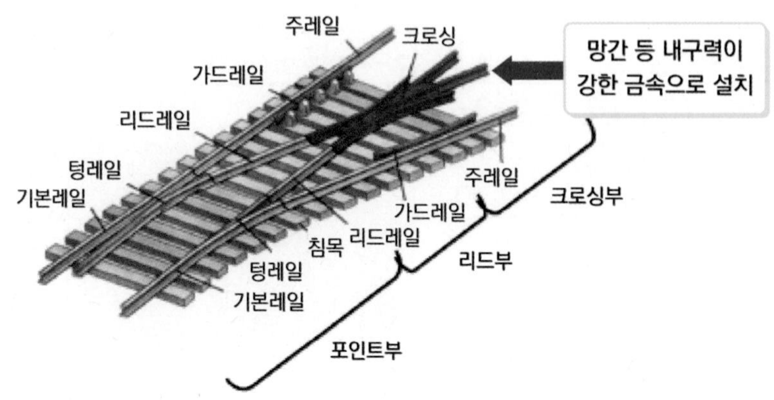

제35조(운전방법 등에 의한 속도제한)

철도운영자등은 다음 각 호의 어느 하나에 해당하는 때에는 열차 또는 차량의 운전제한속도를 따로 정하여 시행하여야 한다.

[운전제한속도를 정하여 시행하여야 하는 경우]

1. 서행신호 현시구간을 운전하는 때
2. 추진운전을 하는 때(총괄제어법에 의하여 열차의 맨 앞에서 제어되는 경우를 제외한다)
3. 열차를 퇴행운전을 하는 때
   ※ 퇴행운전은 열차를 운행하다가 부득이한 사유로 정상으로 전도운행을 하지 못하고, 처음 가던 방향과 반대의 방향으로 되돌아가는 것을 말한다.
4. 쇄정(鎖錠)되지 아니한 선로전환기를 대향(對向)으로 운전하는 때
   ※ 쇄정(잠금, Locking): 신호보안(열차제어)장치가 동작 또는 기능을 하지 못하도록 묶어 두는 것을 말한다.

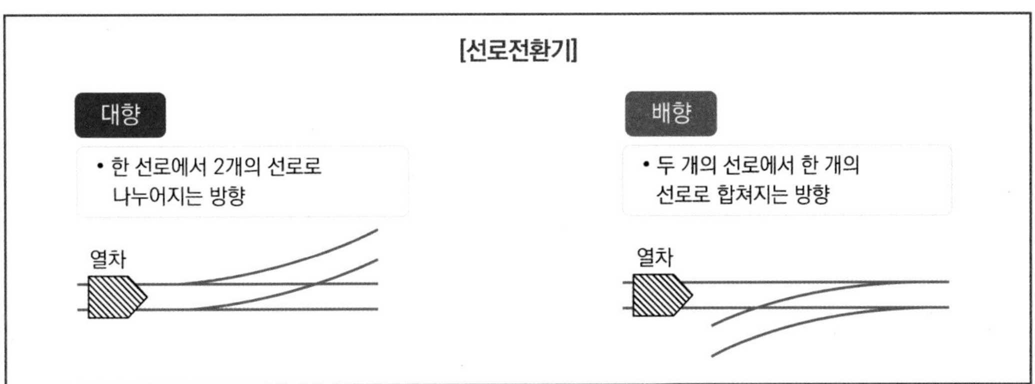

[선로전환기]
대향
• 한 선로에서 2개의 선로로 나누어지는 방향
열차
배향
• 두 개의 선로에서 한 개의 선로로 합쳐지는 방향
열차

5. 입환운전을 하는 때
6. 제74조의 규정에 의한 전령법(傳令法)에 의하여 열차를 운전하는 때

※ 전령법: 폐색방식을 시행 할 수 없는 경우로서 이에 준하여 열차를 운전시킬 필요가 있는 경우에 폐색준용법으로 전령법을 시행한다.

[전령법 운전]

- 고장열차가 있는 폐색구간에 구원열차 운행 시
- 남겨 놓은 차량 및 구름차량 회수하기 위한 구원열차 운행 시
- 공사열차 있는 구간에 다른 공사열차 운행시
- 운전관제는 기관사 및 역장, 관계직원에게 지시
- 운전명령 및 운전명령서 교부
- 전령법 시행 시 폐색구간: 정거장과 정거장 또는 현장 간

전령법
전령자라고 쓰여진 완장을 착용한 사람을 운전실에 태워 전령자의 유도에 의해 열차 운행하는 방식. 즉 여기서 운전허가증은 전령자이다. 전령법은 정거장과 정거장 사이에 사고 등으로 인해 열차가 방치되어 있는 경우 그 열차를 고치러 갈 때, 즉 중단 운전이 될 때 사용

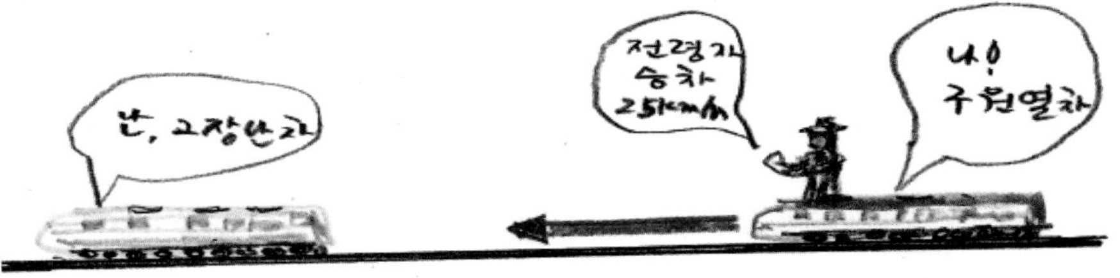

7. 수신호 현시구간을 운전하는 때

8. 지령운전을 하는 때

※ "지령운전"이란 정거장 밖에서 ATC 차내신호장치가 고장 났을 때 ATC 기능을 차단하고 관제사의 지령에 따른 운전방식을 말한다.

[지령식 운전]

관제사가 궤도회로를 통해 해당구간에 열차, 차량 없음을 확인 후 열차 무선 전화기로 기관사에게 명령

지령식 필요한 경우
대용색법(substitute blocking system)은 상용하는 폐색을 대체하여 실시하는 방식. 관제사가 역 사이의 열차 운행 여부, 열차 간격 등 직접 해당 구간의 상태를 보고 열차 운행을 지시하여 이루어지는 방식이다. 관제사가 대행 표시판을 통하여 열차의 유무와 현시상태, 선로전환기 개통상태 등의 안전 확인이 가능해야 한다.

'철도교통 관제센터' 청주 오송

9 . 폭음신호 또는 화염신호 등 특수신호에 의하여 운전하는 때

10. 그 밖에 철도안전을 위하여 필요하다고 인정되는 때

[제35조 운전방법 등에 의한 속도제한]

1. 서행신호 현시구간을 운전하는 때
2. 추진운전을 하는 때(총괄제어법에 의하여 열차의 맨 앞에서 제어되는 경우를 제외한다)
3. 열차를 퇴행운전을 하는 때
4. 쇄정(鎖)되지 아니한 선로전환기를 대향(對)으로 운전하는 때
5. 입환운전을 하는 때
6. 제74조의 규정에 의한 전령법(傳令法)에 의하여 열차를 운전하는 때
7. 수신호현시구간을 운전하는 때
8. 지령운전을 하는 때
9. 폭음신호 또는 화염신호 등 특수신호에 의하여 운전하는 때
10. 그 밖에 철도안전을 위하여 필요하다고 인정되는 때

※ 수신호: 신호기를 사용할 수 없을 때 또는 이를 설치하지 아니하였을 때 전호기 또는 전호등에 의해 현시하는 신호

[분기기와 분기기 명칭]

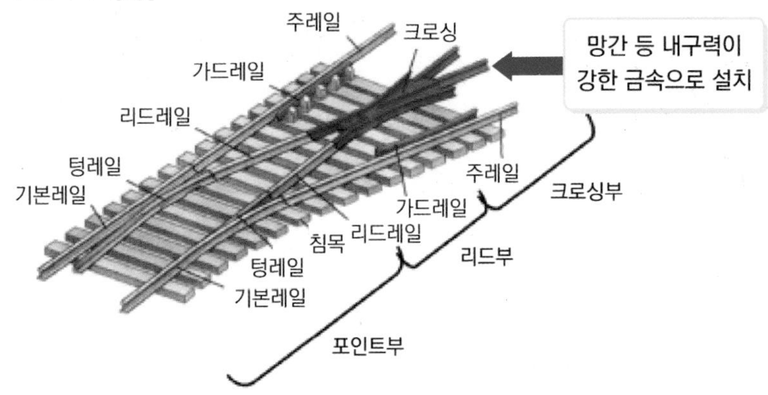

[선로 전환기 쇄정(잠근다), 정위치 유지]

예제 **다음 중 열차의 운전속도를 제한하는 요인이 아닌 것은?**

가. 서행신호 현시구간을 운전하는 경우

나. 추진운전을 하는 때

다. 입환운전을 하는 때

라. 쇄정되지 아니한 선로전환기를 배향으로 운전하는 때

해설 철도차량운전규칙 제35조(운전방법 등에 의한 속도제한): '쇄정(鎖錠)되지 아니한 선로전환기를 대향(對向)으로 운전하는 때'가 맞다.

[대향운전과 배향운전]

대향운전

전방의 차를 보고 운전 → 한 길로 가다가 두 길로 갈라진다. 탈선 우려(잘못 들어가면) 대향으로 갈 때 속도제한 있다. (0)

배향운전

두 갈래로 오다가 합쳐지는 운전 포인터부 파손우려. 배향으로 갈 때는 속도제한 규정 없다. (X)

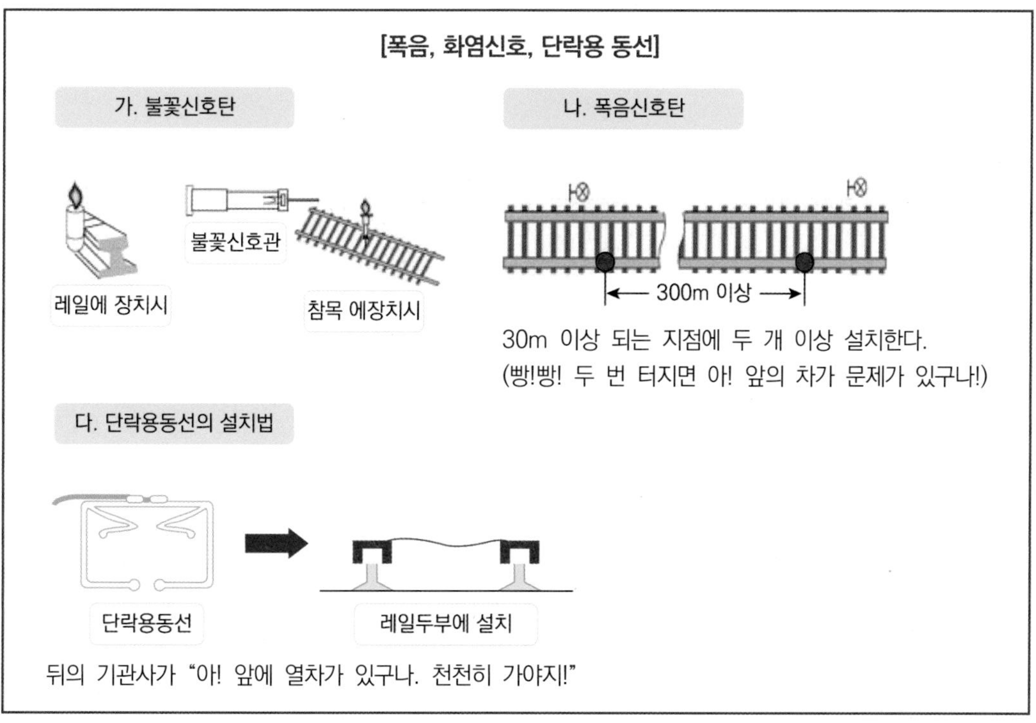
[폭음, 화염신호, 단락용 동선]
가. 불꽃신호탄
불꽃신호관
레일에 장치시
참목 에장치시
나. 폭음신호탄
300m 이상
30m 이상 되는 지점에 두 개 이상 설치한다.
(빵!빵! 두 번 터지면 아! 앞의 차가 문제가 있구나!)
다. 단락용동선의 설치법
단락용동선
레일두부에 설치
뒤의 기관사가 "아! 앞에 열차가 있구나. 천천히 가야지!"

예제 **다음 중 철도운영자가 열차의 운전속도를 제한하여야 하는 경우로 틀린 것은?**

가. 서행신호 현시구간을 운전하는 때

나. 열차를 퇴행운전하는 때

다. 쇄정되지 아니한 선로전환기를 배향(背向)으로 운전하는 때

라. 수신호 현시구간을 운전하는 때

해설 철도차량운전규칙 제35조(운전방법 등에 의한 속도제한): '쇄정(鎖錠)되지 아니한 선로전환기를 대향(對向)으로 운전하는 때'가 맞다.

예제 **다음 중 열차 또는 차량의 운전제한속도를 따로 정하는 경우로 틀린 것은?**

가. 서행신호 현시구간을 운전할 때

나. 폭음신호 또는 화염신호 등 특수신호에 의하여 운전할 때

다. 총괄제어법에 의하여 열차의 맨 앞에서 제어하여 추진운전을 하는 때

라. 쇄정되지 아니한 선로전환기를 대향(對向)으로 운전할 때

해설 철도차량운전규칙 제35조(운전방법 등에 의한 속도제한): 추진운전을 하는 때(총괄제어법에 의하여 열차의 맨 앞에서 제어되는 경우를 제외한다)

예제 **철도차량운전규칙에서 운전방법에 의한 열차 또는 차량의 운전속도를 제한할 경우로 맞는 것은?**

가. 차내신호의 "0" 신호가 있은 후 진행하는 경우

나. 수신호 현시구간을 운전하는 때

다. 쇄정되지 아니한 선로전환기를 배향으로 운전하는 때

라. 차량을 결합·해체하거나 차선을 바꾸는 경우

해설 철도차량운전규칙 제35조(운전방법 등에 의한 속도제한): 수신호 현시구간을 운전하는 때는 운전방법에 의한 열차 또는 차량의 운전속도를 제한한다.

제36조(열차 또는 차량의 정지)

① 열차 또는 차량은 정지신호가 현시된 경우에는 그 현시 지점을 넘어서 진행할 수 없다. 다만, 다음 각 호의 어느 하나에 해당하는 경우에는 그러하지 아니하다.

[정지신호가 현시된 때 그 현시 지점을 넘어서 진행할 수 있는 경우]

1. 폭음신호 또는 화염신호의 현시가 있는 경우
2. 수신호에 의하여 정지신호의 현시가 있는 경우
3. 신호기 고장 등으로 인하여 정지가 불가능한 거리에서 정지신호의 현시가 있는 경우

② 제1항의 규정에 불구하고 자동폐색신호기의 정지신호에 의하여 일단 정지한 열차 또는 차량은 정지신호 현시중이라도 운전속도의 제한 등 안전조치에 따라 서행하여 그 현시 지점을 넘어서 진행할 수 있다.

③ 서행허용표지를 추가하여 부설한 자동폐색신호기가 정지신호를 현시하는 때에는 정지신호 현시중이라도 정지하지 아니하고 운전속도의 제한 등 안전조치에 따라 서행하여 그 현시지점을 넘어서 진행할 수 있다.

[제36조 열차 또는 차량의 정지]

① 열차 또는 차량은 정지신호를 넘어 운행할 수 없다.

예외
1. 폭음신호 또는 화염신호의 현시가 있는 경우(이미 지나왔으므로)
2. 수신호에 의하여 정지신호의 현시가 있는 경우(수신호는 신호기가 없거나 고장났거나 할 때
3. 신호기 고장 등으로 인하여 정지가 불가능한 거리에서 정지신호의 현시가 있는 경우

② 자동폐색신호기에 의한 정지 (15km/h 진입)
③ 서행허용표지를 추가하여 부설한 자동폐색신호기가 정지신호를 현시하는 때에는 정지신호 현시 중이라도 정지하지 아니하고 운전속도의 제한 등 안전조치에 따라 서행하여 그 현시지점을 넘어서 진행할 수 있다.
※ 자동폐색기: 폐색구간에 설치한 궤도회로를 이용하여 열차 또는 차량의 점유에 따라 자동적으로 폐색 및 신호를 제어하여 열차를 운행시키는 폐색방식에 따른 신호기

[예제] **다음 중 정지신호가 현시되었더라도 그 지점을 지나서 진행할 수 있는 경우로 틀린 것은?**

가. 폭음신호가 현시된 경우
나. 화염신호가 현시된 경우
다. 수신호에 의하여 정지신호가 현시된 경우
라. 신호기 고장 등으로 정지할 수 있는 상당한 거리에서 정지신호가 현시된 경우

해설 철도차량운전규칙 제36조(열차 또는 차량의 정지) 제1항: '신호기 고장 등으로 인하여 정지가 불가능한 거리에서 정지신호의 현시가 있는 경우'가 옳다.

제37조(열차 또는 차량의 진행)

열차 또는 차량은 진행을 지시하는 신호가 현시된 때에는 신호종류별 지시에 따라 지정속도 이하로 그 지점을 지나 다음 신호가 있는 지점까지 진행할 수 있다.

예제 **열차 또는 차량은 진행을 [ ]하는 [ ]가 현시된 때에는 [ ] 지시에 따라 [ ]로 그 지점을 지나 [ ]가 있는 [ ]까지 진행할 수 있다.**

정답 지시, 신호, 신호종류별, 지정속도 이하, 다음 신호, 지점

예제 **철도차량운전규칙에서 열차 또는 차량은 신호종류별 지시에 따라 ○○속도 이하로 운행해야 하는가?**

가. 지시

나. 제한

다. 지정

라. 규정

해설 철도차량운전규칙 제37조(열차 또는 차량의 진행): 열차 또는 차량은 진행을 지시하는 신호가 현시된 때에는 신호종류별 지시에 따라 지정속도 이하로 그 지점을 지나 다음 신호가 있는 지점까지 진행할 수 있다.

[제37조 열차 또는 차량의 진행]

열차 또는 차량은 진행을 지시하는 신호가 현시된 때에는 신호 종류별 지시에 따라 지정속도 이하로 그 지점을 지나 다음 신호가 있는 지점까지 진행할 수 있다.

- 파란불: 110km/h
- 노란불: 45km/h
- 빨간불: 정지
- 자동폐색신호기에서는 열차가 지나가면 신호등이 자동으로 바뀌게 된다.

빨간 불이 있어도 스위치를 취급 15ks switch(R1 빨간 등) 하면 운행할 수 있다.

[자동폐색식 개념도]

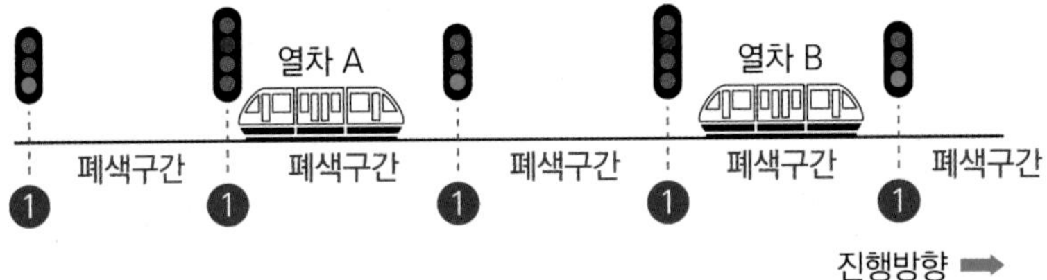

[신호현시방식]

■ 3현시

제38조(열차 또는 차량의 서행)

① 열차 또는 차량은 서행신호의 현시가 있을 때에는 그 속도를 감속하여야 한다.

② 열차 또는 차량이 서행해제신호가 있는 지점을 통과한 때에는 정상속도로 운전할 수 있다.

예제 **열차 또는 차량이 서행해제신호가 있는 지점을 통과한 때에는 [　　　　]로 운전할 수 있다.**

정답 정상속도

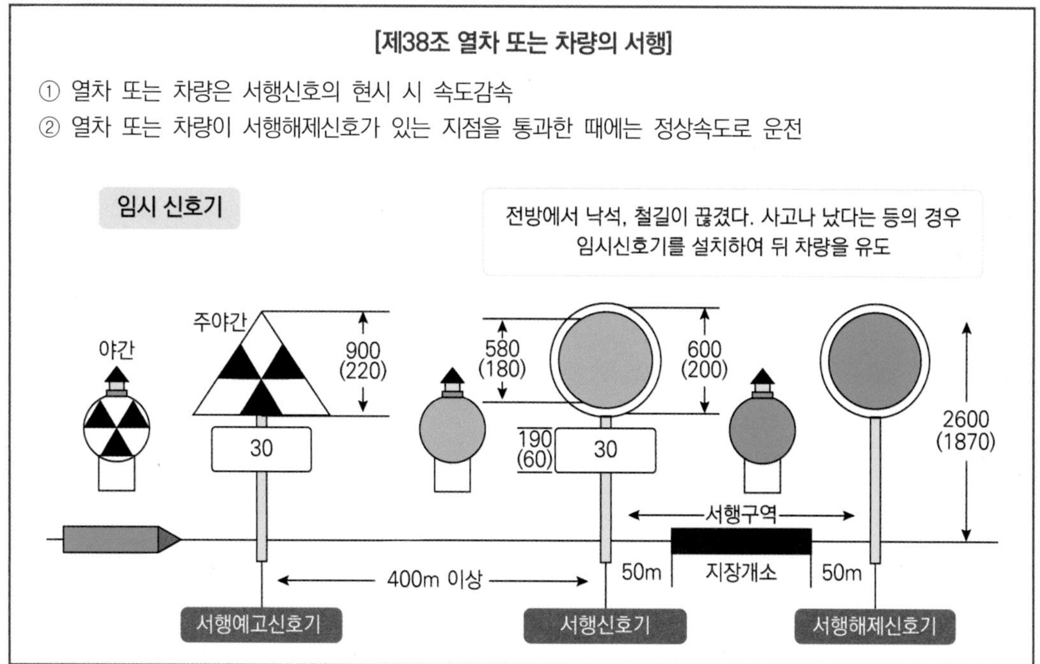
[제38조 열차 또는 차량의 서행]
① 열차 또는 차량은 서행신호의 현시 시 속도감속
② 열차 또는 차량이 서행해제신호가 있는 지점을 통과한 때에는 정상속도로 운전
임시 신호기
전방에서 낙석, 철길이 끊겼다. 사고나 났다는 등의 경우
임시신호기를 설치하여 뒤 차량을 유도
야간
주야간
900
(220)
580
(180)
600
(200)
190
(60)
30
30
2600
(1870)
서행구역
400m 이상
50m
지장개소
50m
서행예고신호기
서행신호기
서행해제신호기

예제 **철도차량운전규칙에 관한 설명으로 틀린 것은?**

가. 차량과 열차의 입환은 입환신호기 또는 입환전호에 의하여야 한다.

나. 본선의 선로전환기는 이와 관계된 신호기와 그 진로내의 선로전환기를 연동 쇄정하여 사용하여야 한다.

다. 전호는 모양·색 또는 소리 등으로 관계직원 상호간에 의사를 표시하는 것이다.

라. 열차 또는 차량이 서행해제신호가 있는 지점을 통과한 때에는 지정속도로 운전할 수 있다.

해설 철도차량운전규칙 제38조(열차 또는 차량의 서행) ① 열차 또는 차량은 서행신호의 현시가 있을 때에는 그 속도를 감속하여야 한다. ② 열차 또는 차량이 서행해제신호가 있는 지점을 통과한 때에는 정상속도로 운전할 수 있다.

제4절 입환

제39조(입환)

① 철도운영자등은 입환작업을 하려면 다음 각 호의 사항을 포함한 입환작업계획서를 작성하여 기관사, 운전취급담당자, 입환작업자에게 배부하고 입환작업에 대한 교육을 실시하여야 한다.

예제 **철도운영자등은 [ ]을 하려면 다음 각 호의 사항을 포함한 [ ]를 작성하여 [ ], [ ], [ ]에게 배부하고 입환작업에 대한 [ ]을 실시하여야 한다.**

정답 입환작업, 입환작업계획서, 기관사, 운전취급담당자, 입환작업자, 교육
다만, 단순히 선로를 변경하기 위하여 이동하는 입환인 경우에는 입환작업계획서를 작성하지 아니할 수 있다.

1. 작업 내용
2. 대상 차량
3. 입환 작업 순서
4. 작업자별 역할
5. 입환전호 방식
6. 입환 시 사용할 무선채널의 지정
7. 그 밖에 안전조치사항

② 입환작업자(기관사를 포함한다)는 차량과 열차를 입환하는 경우 다음 각 호의 기준에 따라야 한다.

1. 차량과 열차가 이동하는 때에는 차량을 분리하는 입환작업을 하지 말 것
2. 입환 시 다른 열차의 운행에 지장을 주지 않도록 할 것
3. 여객이 승차한 차량이나 화약류 등 위험물을 적재한 차량에 대하여는 충격을 주지 않도록 할 것

[제4절 입환]

제39조 입환

① 차량과 열차의 입환: 입환표지 (입환신호기 포함) 또는 입환전호에 의한다. 다만, 인력으로 입환을 하는 경우 제외

② 차량의 입환은 다른 열차의 운행에 지장을 주지 아니하도록 실시하여야 한다.

발광다이오드(LED) 전등 방식 전호기

- 입환 작업이란 철도 차량을 분리하거나 연결해 열차를 조성하는 작업을 말한다.
- 코레일은 먼저 입환작업 중 작업자가 양손을 자유롭게 사용할 수 있도록 핸즈프리 무전기를 개발하고 주간과 야간에 각각 사용 하는 '전기'와 '전호등을 주 · 야간 공용으로 사용할 수 있는 발광다이오드(LED) 전 등 방식으로 개선하기로 했다. | 2017/07/12.YTN

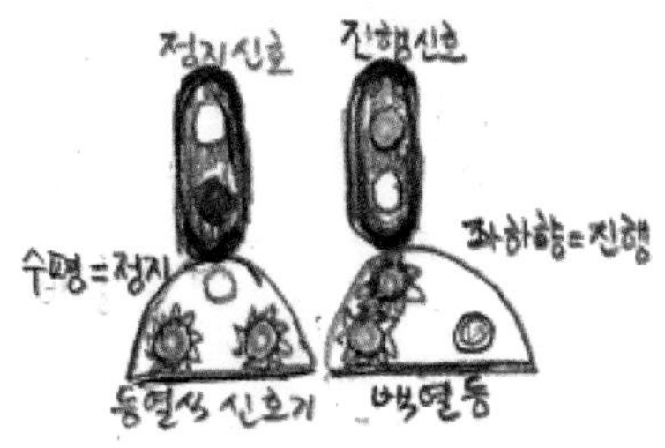

- 오너라: 녹색기 좌우로 움직임
- 가거라: 녹색기 상하로 움직임
- 정지하라: 적색기 현시

예제 **철도운영자등은 입환작업을 하려면 입환작업계획서를 작성하여 교육을 실시하여야 한다. 다음 중 입환작업에 대한 교육 내용이 아닌 것은?**

가. 작업내용

나. 작업자별 역할

다. 작업방법

라. 입환시 사용할 무선채널의 지정

해설 철도차량운전규칙 제39조(입환): 작업방법이 아니고 작업내용이 옳다.

제40조(선로전환기의 쇄정 및 정위치 유지)

① 본선의 선로전환기는 이와 관계된 신호기와 그 진로 내의 선로전환기를 연동쇄정하여 사용하여야 한다. 다만, 상시 쇄정되어 있는 선로전환기 또는 취급회수가 극히 적은 배향(背向)의 선로전환기의 경우에는 그러하지 아니하다.

예제 **선로전환기는 이와 관계된 신호기와 그 진로 내의 선로전환기를 [ ]하여 사용하여야 한다. 다만, [ ]되어 있는 선로전환기 또는 취급회수가 극히 적은 [ ]의 선로전환기의 경우에는 그러하지 아니하다.**

정답 연동쇄정, 상시 쇄정, 배향

② 쇄정되지 아니한 선로전환기를 대향으로 통과할 때에는 쇄정기구를 사용하여 텅레일(Tongue Rail)을 쇄정하여야 한다.

예제 **쇄정되지 아니한 선로전환기를 [ ]으로 통과할 때에는 쇄정기구를 사용하여 [ ]을 쇄정하여야 한다.**

정답 대향, 텅레일(Tongue Rail)

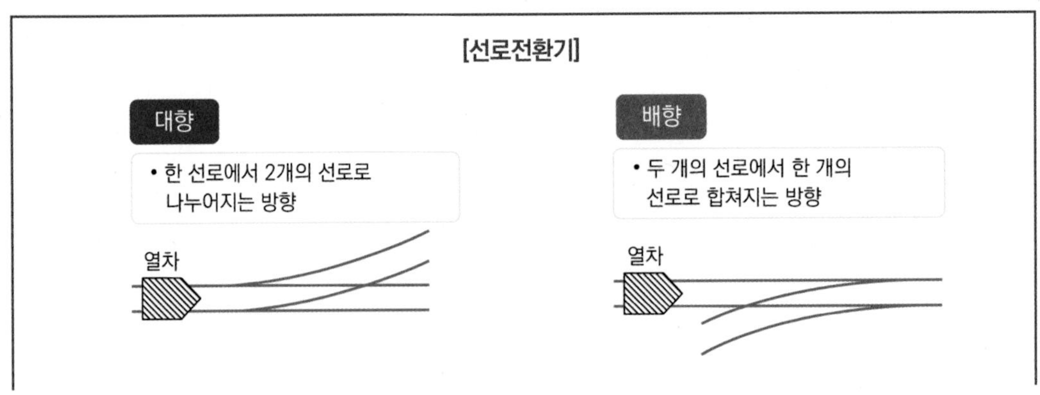

[선로전환기]
대향
• 한 선로에서 2개의 선로로 나누어지는 방향
열차
배향
• 두 개의 선로에서 한 개의 선로로 합쳐지는 방향
열차

배향: 분기기의 후단 측에서 전단 측으로의 향하는 것
텅레일: 선로에도 혀가 있다. 우리가 음식을 먹을 때 음식을 식도로 잘 넘어가도록 도와주는 혀가 있는 것처럼 선로에도 열차가 길을 바꾸고자 할 때 열차가 지나갈 길을 조정하여 안내해주는 텅레일(Tongue Rail)이 있다.

③ 선로전환기를 사용한 후에는 지체없이 미리 정하여진 위치에 두어야 한다.

[제40조 선로전환기의 쇄정 및 정위치 유지]

① 본선의 선로전환기는 이와 관계된 신호기와 그 진로내의 선로전환기를 연동쇄정(선로전환기와 신호기 연동)하여 사용하여야 한다. 다만, 상시 쇄정되어 있는 선로전환기 또는 취급회수가 극히 적은 배향(向)(두 길로 오다가 한 길로 간다)의 선로전환기의 경우 예외다.
② 쇄정되지 아니한 선로전환기를 대향 (한 길로 가다가 두 길로 나누어진다)으로 통과할 때에는 쇄정 기구를 사용하여 텅레일(Tongue Rail) 쇄정하여야 한다.
③ 선로전환기를 사용한 후에는 지체없이 미리 정하여진 위치에 두어야 한다(정위 또는 복귀).

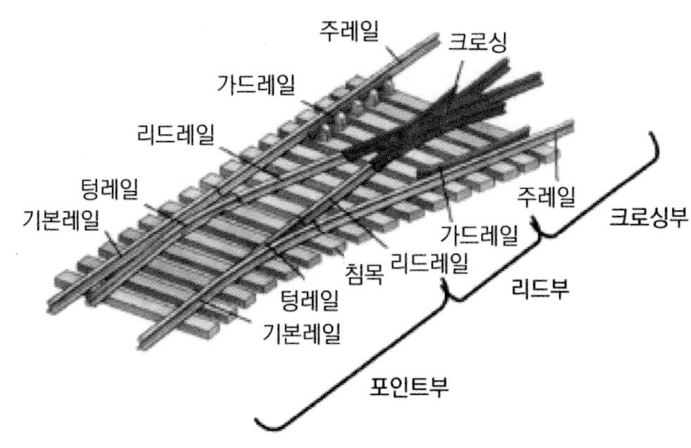

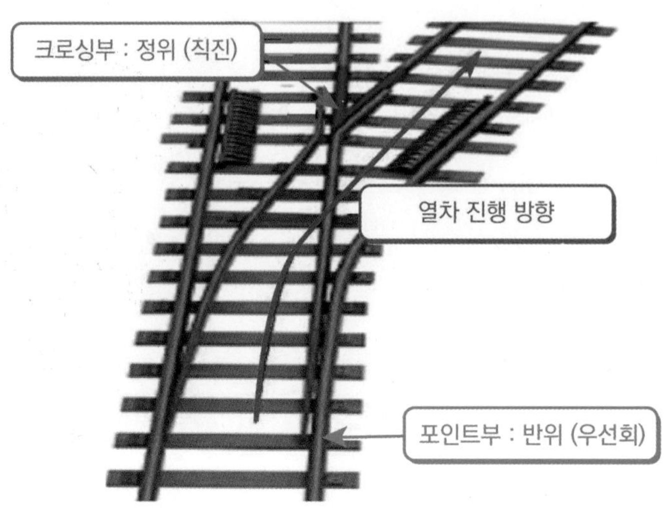

예제 **철도차량 운전규칙에 관한 설명으로 틀린 것은?**

가. 차량과 열차의 입환은 입환신호기 또는 입환전호에 의하여야 한다.

나. 본선의 선로전환기는 이와 관계된 신호기와 그 진로내의 선로전환기를 연동쇄정하여 사용하여야 한다.

다. 쇄정되지 아니한 선로전환기를 배향으로 통과할 때에는 쇄정기구를 사용하여 텅레일을 쇄정하여야 한다.

라. 선로전환기를 사용한 후에는 지체없이 미리 정하여진 위치에 두어야 한다.

해설 철도차량운전규칙 제40조(선로전환기의 쇄정 및 정위치 유지): 쇄정되지 아니한 선로전환기를 대향으로 통과할 때에는 쇄정기구를 사용하여 텅레일(Tongue Rail)을 쇄정하여야 한다.

제41조(차량의 정차시 조치)

차량을 측선 등에 정차시켜 두는 경우에는 차량이 움직이지 아니 하도록 필요한 조치를 하여야 한다.

[제41조 차량의 정차 시 조치]

차량을 측선 (본선은 열차운행이 빈번하여 정차 못함) 등에 정차시켜 두는 경우에는 차량이 움직이지 아니하도록 필요한 조치 → 수용제동기, 바퀴 구름막이 설치

제42조(열차의 진입과 입환)

① 다른 열차가 정거장에 진입할 시각이 임박한 때에는 다른 열차에 지장을 줄 수 있는 입환을 할 수 없다. 다만, 다른 열차가 진입할 수 없는 경우 등 긴급하거나 부득이한 경우에는 그러하지 아니하다.

② 열차의 도착 시각이 임박한 때에는 그 열차가 정차 예정인 선로에서는 입환을 할 수 없다. 다만, 열차의 운전에 지장을 주지 아니하도록 안전조치를 한 후에는 그러하지 아니하다.

[제42조 열차의 진입과 입환]

① 다른 열차가 정거장에 진입할 시각이 임박한 때에는 다른 열차에 지장을 줄 수 있는 입환금지 (예외: 긴급, 부득이한 경우)

② 열차의 도착 시각이 임박한 때에는 그 열차가 정차 예정인 선로에서 입환금지 (예외: 운전에 지장 없고 안전조치 후)

입환작업 드림레일

제43조(정거장 외 입환)

다른 열차가 인접정거장 또는 신호소를 출발한 후에는 그 열차에 대한 장내신호기의 바깥쪽에 걸친 입환을 할 수 없다. 다만, 특별한 사유가 있는 경우로서 충분한 안전조치를 한 때에는 그러하지 아니하다.

예제 **다른 열차가 인접정거장 또는 신호소를 출발한 후에는 그 열차에 대한 [ ]의 [ ]을 할 수 없다**

정답 장내신호기, 바깥쪽에 걸친 입환

[제43조 정거장 외 입환]

다른 열차가 인접 정거장 또는 신호소를 출발한 후에는 그 열차에 대한 장내신호기의 바깥쪽에 걸친 입환을 할 수 없다.

※ 신호소: 정거장이 아니고 상치신호기 등 열차제어시스템을 조작 · 취급하기 위하여 설치한 장소

예외

특별한 사유가 있는 경우로서 충분한 안전조치 후에는 가능하다.

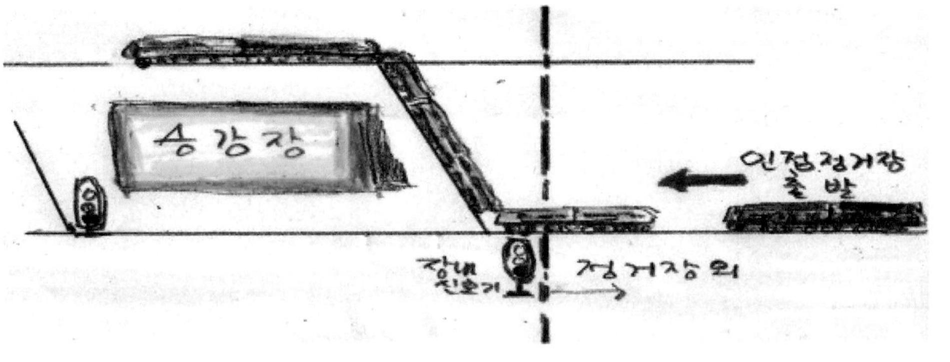

제44조 돌방입환(Push and Pull Shunting) 금지

① 차량은 적당히 제동할 수 있는 경우가 아니면 돌방입환(突放入換, push and pull shunting)을 금지한다.

② 여객이 승차한 차량 또는 화약류 그 밖의 위험물을 적재한 차량은 돌방입환 등 충격을 줄 수 있는 방식의 입환은 금지한다.

[제44조 돌방입환 금지]

1. 차량은 적당히 제동할 수 있는 경우가 아니면 돌방입환(突放入換, push and pull shunting) 금지.
2. 여객이 승차한 차량 또는 화약류 그 밖의 위험물을 적재한 차량은 돌방입환 등 충격을 줄 수 있는 방식의 입환 금지

- 여객이 승차하지 않은 차량은 돌방입환할 수 있다.
- 지하철 차량이 돌방입환하다 부딪히면 수리비 등이 과다하게 지출되어 돌방입환하지 않는다.
- 돌방입환: 동력차로 추진운전하여 이동 중 차량을 분리하는 입환방법

돌방입환: 기관차가 같이 몰고 가다가 끊어버리면 그 타력에 의해 화차 스스로 가게 된다. 정거장내에서는 연결장치 분리도 하고 연결도 할 수 있다. 수용제동기 핸들을 조절하여 원하는 지점에 정차한다.

제45조(인력입환)

본선을 이용하는 인력입환은 관제업무종사자 또는 차량운전취급책임자의 승인을 얻어야 하며, 차량운전취급책임자는 그 작업을 감시하여야 한다.

[입환(入換, shunting/switching)]

입환: 사람의 힘에 의하거나 동력차를 사용하여 차량을 이동, 연결, 분리하는 작업을 말한다. 정거장에서 열차의 운행을 위해 차량을 이동하여 연결, 교환, 분리하는 경우 또는 조성이 완료된 편성을 본 선에서 운행하기 위해 전선 (열차 또는 차량이 선로를 변경하는 것) 하는 등 모든 행위를 입환이라고 한다.

입환 - 리브레 위키

입환 - 리브레 위키

예제 **다음 중 입환의 시행에 관한 설명으로 바르지 않은 것은?**

가. 열차의 도착 시각이 임박한 때에는 그 열차 예정인 선로에 입환을 해서는 아니된다.

나. 다른 열차가 인접정거장을 출발한 후에는 그 열차에 대한 장내신호기의 바깥 쪽에 걸친 입환을 시행할 수 없다.

다. 차량은 적당히 제동할 수 있는 경우가 아니면 돌방입환을 하여서는 아니된다.

라. 본선을 이용하는 입환은 차량운전취급책임자의 승인을 얻어야 하며, 적임자가 그 작업을 감시하여야 한다.

해설 철도차량운전규칙 제45조(인력입환): 본선을 이용하는 인력입환은 관제업무종사자 또는 차량운전취급책임자의 승인을 얻어야 하며, 차량운전취급책임자는 그 작업을 감시하여야 한다.

예제 **다음 중 입환에 관한 설명으로 틀린 것은?**

가. 차량의 입환은 다른 열차의 운행에 지장을 주지 아니하도록 실시하여야 한다.

나. 차량과 열차의 입환은 입환표지 또는 입환전호에 의하여야 한다.

다. 열차의 도착 시각이 임박한 때에는 그 열차가 정차 예정인 선로에서는 입환을 할 수 없다.

라. 본선을 이용하는 인력입환은 관제업무종사자 또는 차량운전취급책임자의 승인을 얻어야 하며, 적임자는 그 작업을 감시하여야 한다.

해설 철도차량운전규칙 제45조(인력입환): 본선을 이용하는 인력입환은 관제업무종사자 또는 차량운전취급책임자의 승인을 얻어야 하며, 차량운전취급책임자는 그 작업을 감시하여야 한다.

[돌방입환]

돌방입환: 달리는 열차를 갑자기 '정지' 시키면서 객 · 화차를 분리시켜 동력 없이 원하는 곳까지 이동시키는 기술이다. 그래서 갔다가 오는 시간을 줄이기 위한 고난도 기술이다. 이 때문에 입환 시간을 단축하면 할수록 위험도가 높아진다. 대부분은 오야(주임) 조차가 중간 위치인 전철기 부근에서 적당한 위치와 속력이 된다고 판단하면 정지를 지시한다. 그러면 전부조차는 열차와 같이 뛰어오다가 손으로 연결기를 끊는다. 때로는 화차에 타고 오면서 발로 끊기도 한다. 해방되어 굴러가는 화차는 후부조차가 뛰어올라 제동기를 감았다 풀었다 하며 위치를 조절한다. 위험도가 높아도 큰 구내의 몇몇 역은 공사에서도 인정하고 있다. 왜냐하면 돌방을 치지 않으면 수송량을 주어진 시간 내에 모두 소화할 수 없기 때문이다. (파랑새SS)

기차를 던지는 사람들...조차장역의 돌방입환 www.SCUBATV.CO.KR

예제 **다음 중 입환에 관한 설명으로 맞지 않는 것은?**

가. 차량의 입환은 다른 열차의 운행에 지장을 주지 아니하도록 실시하여야 한다.

나. 열차의 도착시간이 임박한 때에는 그 열차가 정차 예정인 선로에서는 입환을 할 수 없다.

다. 본선을 이용하는 인력입환은 관제업무종사자 또는 철도시설관리자의 승인을 얻어야 한다.

라. 여객이 승차한 차량 또는 화약류 또는 위험물을 적재한 차량을 향하여 돌방입환을 하여서는 안 된다.

해설 철도차량운전규칙 제45조(인력입환): 본선을 이용하는 인력입환은 관제업무종사자 또는 차량운전취급책임자의 승인을 얻어야 하며, 차량운전취급책임자는 그 작업을 감시하여야 한다.

제5장

열차간의 안전확보

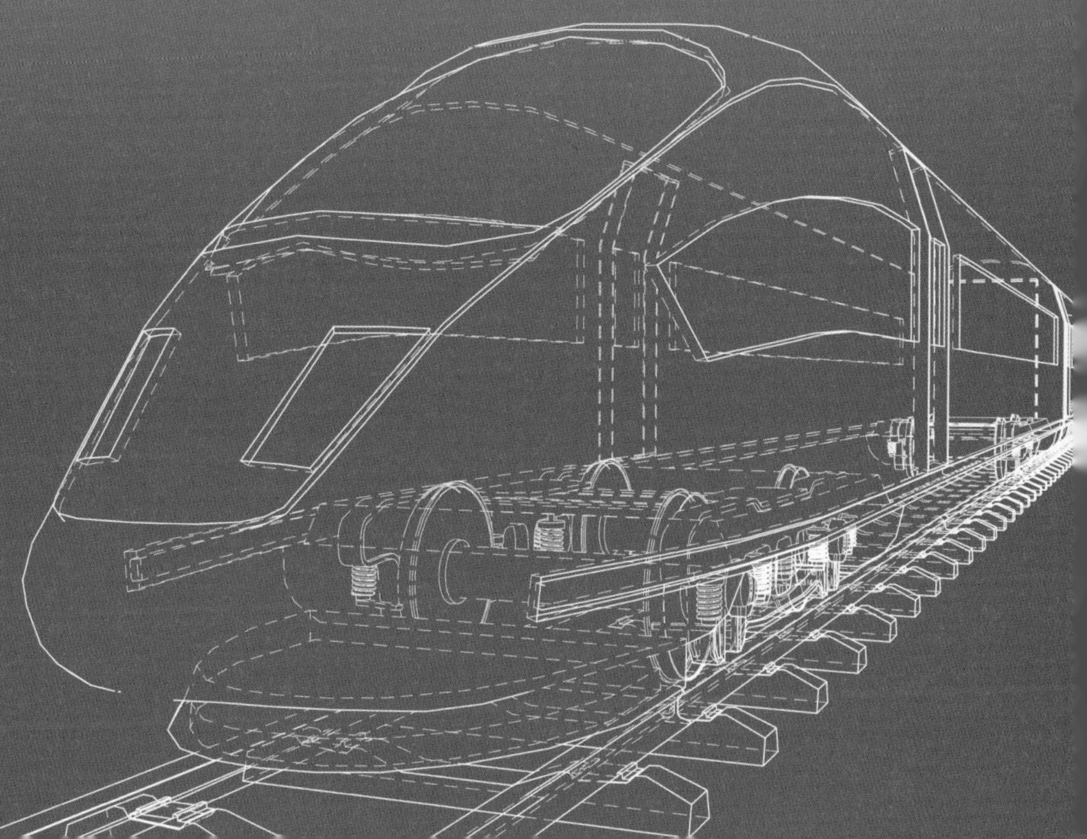

열차간의 안전확보

제1절 총칙

제46조(열차간의 안전 확보)

① 열차는 열차간의 안전을 확보할 수 있도록 다음 각 호의 어느 하나의 방법으로 운전하여야 한다. 다만, 정거장 내에서 철도신호의 현시·표시 또는 그 정거장의 운전을 관리하는 자의 지시에 따라 운전하는 경우에는 그러하지 아니하다.

[열차 간의 안전을 확보할 수 있는 운전방법]

1. 폐색에 의한 방법
2. 제66조의 규정에 의한 열차 간의 간격을 확보하는 장치(이하 "자동열차제어장치"라 한다)에 의한 방법
3. 시계운전에 의한 방법

예제 열차 간의 안전을 확보할 수 있는 운전방법

1. [ ]에 의한 방법
2. 제66조의 규정에 의한 열차 간의 [ ]을 확보하는 장치(이하 "[ ]"라 한다)에 의한 방법
3. [ ]운전에 의한 방법

정답 폐색, 간격, 자동열차제어장치, 시계

② 단선(單線)구간에서 폐색을 한 경우 상대역의 열차가 동시에 당해 구간에 진입하도록 하여서는 아니된다.

③ 구원열차를 운전하는 경우 또는 공사열차가 있는 구간에서 다른 공사열차를 운전하는 등의 특수한 경우로서 열차운행의 안전을 확보할 수 있는 조치를 취한 경우에는 제1항 및 제2항의 규정에 의하지 아니할 수 있다.

예제 다음 중 열차가 열차 간의 안전을 확보하는 운전방법 중 거리가 먼 것은?

가. 폐색에 의한 방법 **나. 구원열차에 의한 방법**

다. 자동열차제어장치에 의한 방법 라. 시계운전에 의한 방법

해설 철도차량운전규칙 제46조(열차간의 안전 확보) 제1항: 구원열차에 의한 방법은 열차 간의 안전을 확보하는 전방법에 해당되지 않는다.

예제 다음 중 열차운전 시 열차 간의 안전을 확보하기 위한 방법으로 틀린 것은?

가. 폐색에 의한 방법 나. 자동열차제어장치에 의한 방법

다. 자동열차신호보안장치에 의한 방법 라. 시계운전에 의한 방법

해설 철도차량운전규칙 제46조(열차간의 안전 확보) 제1항: 시 열차 간의 안전을 확보하기 위한 방법으로는 1. 폐색에 의한 방법 2. 열차 간의 간격을 확보하는 장치("자동열차제어장치")에 의한 방법 3. 시계운전에 의한 방법

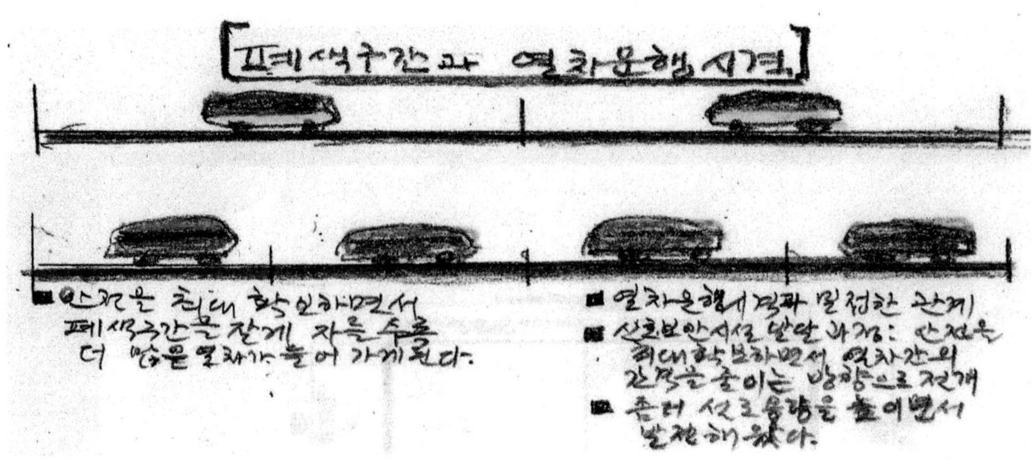

제47조(진행지시신호의 금지)

열차 또는 차량의 진로에 지장이 있는 경우에는 이에 대하여 진행을 지시하는 신호를 현시할 수 없다.

[철도의 신호등]

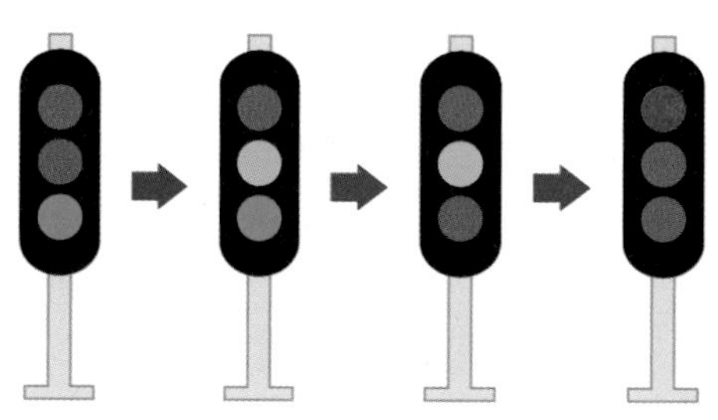

철도의 신호등은 초록색과 빨간색 사이에 여러 단계를 넣고 있다.
예를 들어 녹황적의 3색으로 구성된 철도 신호등에서는 녹색 - [녹색 + 황색) - 황색 - 적색의 4단계의 신호를 표시한다.

코레일 정원에서 미니기차 타고 도로도 배워요.
레일뉴스

제2절 폐색에 의한 방법

제48조(폐색에 의한 방법)

폐색에 의한 방법을 사용하는 경우에는 당해 열차의 진로 상에 있는 폐색구간의 조건에 따라 신호를 현시하거나 다른 열차의 진입을 방지할 수 있어야 한다.

예제 **폐색에 의한 방법을 사용하는 경우에는 당해 열차의 진로상에 있는 [ ]에 따라 신호를 현시하거나 다른 열차의 [ ]할 수 있어야 한다.**

정답 폐색구간의 조건, 진입을 방지

[고정폐색(EBS: Fixed Block System)과 이동폐색(MBS: Moving Block System)의 비교]

- 이동폐색(Moving Block)은 열차점유를 유동적으로 지원
- 열차간의 간격 축소 가능
- Headway 감소 가능(1분까지)
- 승객의 역내 대기시간의 감소
- 최소의 차량 수에 의한 최적화 운행가능

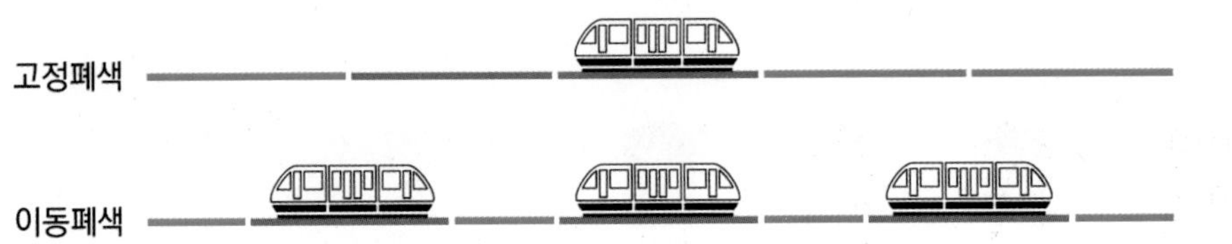

철도차량의 폐색 구간

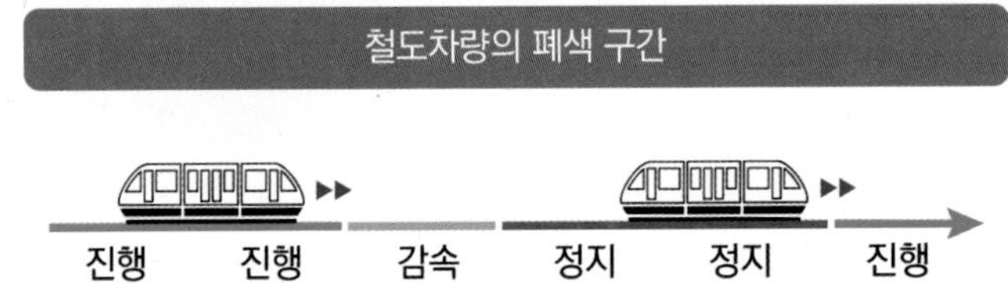

제49조(폐색에 의한 열차 운행)

① 폐색에 의한 방법으로 열차를 운행하는 경우에는 본선을 폐색구간으로 분할하여야 한다. 다만, 정거장 내의 본선은 이를 폐색구간으로 하지 아니할 수 있다.

예제 **폐색에 의한 방법으로 열차를 운행하는 경우에는 [ ]을 [ ]으로 분할하여야 한다.**

정답 본선, 폐색구간

예제 **다음 중 폐색에 따른 열차운행 시 본선을 폐색구간으로 분할하지 않아도 가능한 구간은?**

가. 장내신호기 설치 구간
나. 출발신호기 설치 구간
다. 정거장 내의 본선 구간
라. 폐색신호기 설치 구간

해설 철도차량운전규칙 제49조(폐색에 의한 열차 운행) 제1항: 정거장 내의 본선은 이를 폐색구간으로 하지 아니할 수 있다.

② 한 폐색구간에는 2 이상의 열차를 동시에 운전할 수 없다. 다만, 다음 각 호의 어느 하나에 해당하는 때에는 그러하지 아니하다.

예제 **한 폐색구간에는[　　　]의 열차를 동시에 운전할 수 없다.**

정답 2 이상

[폐색구간]

폐색구간에는 무조건 딱! 1대의 열차만 들어갈 수 있고, 어떤 열차가 특정 폐색구간을 통과하면, 그 열차의 뒤쪽에 있는 폐색구간에도 열차가 들어올 수가 없게 신호기가 빨간 등을 켜게 된다.

[제49조 폐색에 의한 열차 운행]

① 폐색에 의한 방법으로 열차를 운행하는 경우에는 본선을 폐색구간으로 분할하여야 한다. 다만, 정거장 내의 본선은 이를 폐색구간으로 하지 아니할 수 있다.
② 한 폐색구간에는 2 이상의 열차를 동시에 운전할 수 없다.

예외

1. 제36조제2항 (R1 진입) 및 제3항(서행허용 표지부착)의 규정에 의하여 열차를 진입시키는 때
2. 고장열차가 있는 폐색구간에 구원열차를 운전하는 때
3. 선로가 불통된 구간에 공사열차를 운전하는 때
4. 폐색구간에서 뒤의 보조기관차를 열차로부터 떼었을 때
5. 열차가 정차되어 있는 폐색구간으로 다른 열차를 유도 시
6. 폐색에 의한 방법으로 운전을 하고 있는 열차를 자동열차제어장치에 의한 방법 또는 시계운전이 가능한 노선에서 열차를 서행하여 운전하는 때
7. 그 밖에 특별한 사유가 있는 때

예외 설명

1. 빨간 불 있는 곳에(R1)서도 진입한다.
2. 고장 열차 있는 고시에도 진입
3. 열차를 떼었을 때 → 〈예제〉 - 열차를 붙였을 때 (X)
4. 유도할 때 → 빨간 전호기로 유도

1. 제36조제2항 및 동조 제3항의 규정에 의하여 열차를 진입시키는 때

☞ 「철도차량운전규칙」 제36조(열차 또는 차량의 정지)

① 열차 또는 차량은 정지신호가 현시된 경우에는 그 현시지점을 넘어서 진행할 수 없다. 다만, 다음 각 호의 어느 하나에 해당하는 경우에는 그러하지 아니하다.

1. 폭음신호 또는 화염신호의 현시가 있는 경우
2. 수신호에 의하여 정지신호의 현시가 있는 경우
3. 신호기 고장 등으로 인하여 정지가 불가능한 거리에서 정지신호의 현시가 있는 경우

② 제1항의 규정에 불구하고 자동폐색신호기의 정지신호에 의하여 일단 정지한 열차 또는 차량은 정지신호 현시중이라도 운전속도의 제한 등 안전조치에 따라 서행하여 그 현시지점을 넘어서 진행할 수 있다.

2. 고장열차가 있는 폐색구간에 구원열차를 운전하는 때
3. 선로가 불통된 구간에 공사열차를 운전하는 때
4. 폐색구간에서 뒤의 보조기관차를 열차로부터 떼었을 때
5. 열차가 정차되어 있는 폐색구간으로 다른 열차를 유도하는 때
6. 폐색에 의한 방법으로 운전을 하고 있는 열차를 자동열차제어장치에 의한 방법 또는 시계운전이 가능한 노선에서 열차를 서행하여 운전하는 때
7. 그 밖에 특별한 사유가 있는 때

예제 **다음 중 한 폐색구간에서 2 이상의 열차를 동시에 운전할 수 있는 경우로 맞지 않는 것은?**

가. 열차가 정차되어 있는 폐색구간으로 다른 열차를 유도하는 때

나. 폐색구간에서 뒤의 보조기관차를 열차로부터 떼었을 때

다. 선로가 불통된 구간에 시운전열차를 운전하는 때

라. 고장열차가 있는 폐색구간에 구원열차를 운전하는 때

해설 철도차량운전규칙 제49조(폐색에 의한 열차 운행) 제2항: '선로가 불통된 구간에 공사열차를 운전하는 때'가 맞다.

예제 **철도차량운전규칙에서 한 폐색구간에 2 이상의 열차를 운전할 경우로 틀리는 것은?**

가. 폐색에 의한 방법으로 운전을 하고 있는 열차를 자동열차제어장치에 의한 방법 또는 시계운전이 가능한 노선에서 열차를 서행하여 운전하는 때

나. 선로가 불통된 구간에 공사열차를 운전하는 때

다. 다른 열차의 차선 바꾸기 지시에 따라 차선을 바꾸기 위하여 운전하는 경우

라. 서행허용표지를 추가하여 부설한 자동폐색신호기가 정지신호를 현시하는 때에는 정지신호현시 중이라도 정지하지 아니하고 운전속도의 제한 등 안전조치에 따라 서행하여 그 현시지점을 넘

어서 진행할 경우

해설 철도차량운전규칙 제49조(폐색에 의하 열차 운행) 2항: 다른 열차의 차선 바꾸기 지시에 따라 차선을 바꾸기 위하여 운전하는 경우는 해당되지 않는다.

제50조(폐색방식의 구분)

일정한 방호구간 내에는 1개 열차만을 운행시키기 위한 패색장치

철도차량의 폐색 구간

진행 진행 감속 정지 정지 진행

폐색방식은 각 호와 같이 구분한다.

1. 상용(常用)폐색방식: 자동폐색식, 연동폐색식, 차내신호폐색식, 통표폐색식(자연내통)
2. 대용(代用)폐색방식: 통신식, 지도통신식, 지도식(통통도)

[폐색방식의 종류]
상용폐색방식 • 복선구간: 자동, 연동, 차내신호폐색식 – 단선구간: 자동, 연동, 통표폐색식
대용폐색방식 • 복선운전: 통신식, 지령식 • 단선 운전: 지도통신식, 지도식
폐색준용법 • 전령법, 무폐색운전

예제 **상용폐색방식에는 [ ], ·[ ], [ ], [ ]이 있다.**

정답 자동폐색식, 연동폐색식, 차내신호폐색식, 통표폐색식(자연내통)

예제 **대용폐색방식에는 [   ], [   ], [   ]이 있다.**

정답 통신식, 지도통신식, 지도식(통통도)

예제 **다음 중 상용폐색방식의 종류로 틀린 것은?**

가. 자동폐색식
나. 연동폐색식
다. 통표폐색식
라. 지도통신식

해설 철도차량운전규칙 제50조(폐색방식의 구분)
상용폐색방식: 자동폐색식 · 연동폐색식 · 차내신호폐색식 · 통표폐색식

[대용폐색방식(Substitute Block System)]

폐색장치의 고장 또는 기타의 사유로 인하여 상용폐색방식을 사용할 수 없을 때 상용폐색방식의 대용으로 사용하는 방식이다.

(1) 복선운전할 때
  (가) 통신식
(2) 단전운전할 때
  (가) 지도통신식
  (나) 지도식

[대용폐색방식의 종류]

- 지령식: 관제사가 열차의 위치를 일일이 확인한 다음 모든 상황을 상황판으로 눈으로 지켜보며 지시를 내려 열차를 움직이는 지령식.
- 통신식: 폐색구간의 양쪽 역에 위치한 폐색전용 전화기를 이용해서 두 역장의 합의하에 열차를 운행시키는 통신식.
- 지도통신식: 통신식과 똑같은 방법으로 합의를 본 다음 보안도를 높이기 위해서 지도권이라는 간이운전허가증을 사용하는 지도통신식.
- 지도식: 열차 사고나 선로 고장 현장에서 가장 가까운 역간을 폐색구간으로 잡고 '지도표'라는 운전허가증을 사용하는 지도식.

[제50조 폐색방식의 구분폐색방식]

1. 상용(常用) 폐색방식 (자연내통)
   - 자동폐색식
   - 연동폐색식
   - 차내신호폐색식
   - 통표폐색식
2. 대용(代用) 폐색방식 (통통도)
   - 통신식
   - 지도통신
   - 지도식

※ 차내신호폐객식: 차내신호(ATC, ATP) 현시에 따라 열차를 운행시키는 폐색방식

※ 통신식: 복선 운전구간에서 상선 또는 하선의 정상방향 선로에서 상용폐색방식을 시행할 수 없는 경우에 폐색구간 양끝 정거장 역장은 전용전화기를 사용하여 협의한 후 통신식을 시행하여야 함

제51조(자동폐색장치의 구비조건)

자동폐색식을 시행하는 폐색구간의 폐색신호기·장내신호기 및 출발신호기는 다음 각 호의 조건을 구비하여야 한다.

1. 폐색구간에 열차 또는 차량이 있을 때에는 자동으로 정지신호를 현시할 것

예제 **폐색구간에 열차 또는 차량이 있을 때에는 자동으로 [ ]를 현시할 것**

정답 정지신호

2. 폐색구간에 있는 선로전환기가 정당한 방향으로 개통되지 아니한 때 또는 분기선 및 교차점에 있는 차량이 폐색구간에 지장을 줄 때에는 자동으로 정지신호를 현시할 것
3. 폐색장치에 고장이 있을 때에는 자동으로 정지신호를 현시할 것
4. 단선구간에 있어서는 하나의 방향에 대하여 진행을 지시하는 신호를 현시한 때에는 그 반대방향의 신호기는 자동으로 정지신호를 현시할 것

예제 **단선구간에 있어서는 [ ]에 대하여 진행을 지시하는 신호를 현시한 때에는 그 [ ]의 신호기는 자동으로 [ ]신호를 현시할 것**

정답 하나의 방향, 반대방향, 정지

예제 다음 중 자동폐색신호기 장치의 구비조건으로 맞지 않는 것은?

가. 폐색장치에 고장이 있을 때에는 자동으로 서행신호를 현시할 것

나. 폐색구간에 열차 또는 차량이 있을 때에는 자동으로 정지신호를 현시할 것

다. 폐색구간에 있는 선로전환기가 정당한 방향으로 개통되지 아니한 때 또는 분기선 및 교차점에 있는 차량이 폐색구간에 지장을 줄 때에는 자동으로 정지신호를 현시할 것

라. 단선구간에 있어서는 하나의 방향에 대하여 진행을 지시하는 신호를 현시한 때에는 그 반대방향의 신호기는 자동으로 정지신호를 현시할 것

해설 철도차량운전규칙 제51조(자동폐색장치의 구비조건): 폐색장치에 고장이 있을 때에는 자동으로 정지신호를 현시할 것

[제51조 자동폐색장치의 구비조건]

1. 폐색구간에 열차 또는 차량이 있을 때
   → 자동으로 정지신호
2. 폐색구간에 있는 선로전환기가 정당한 방향으로 개통되지 아니한 때 또는 분기선 및 교차점에 있는 차량이 폐색구간에 지장을 줄 때에는 → 정지신호
3. 폐색장치에 고장이 있을 때에는 → 정지신호
4. 단선구간에 있어서는 하나의 방향에 대하여 진행을 지시하는 신호를 현시한 때에는 그 반대방향의 신호기는 자동으로 정지신호

[자동폐색식이란? (ATS구간에 사용)]

- 자동폐색식(automatic block system, ABS)은 폐색구간 내에 있는 궤도회로상의 열차 유무를 검지하여 폐색신호기를 자동으로 제어하는 방식이다.
- 복선구간과 단선구간 모두 사용이 되며 제어 방식이 다르다. 복선구간에서는 열차 방향이 일정하기 때문에 대향 열차에 대해서는 고려하지 않으며 후속열차에 대해서만 신호를 제어한다.
- 단선구간에서는 대향 열차와의 안전을 유지하기 위하여 방향쇄정회로를 설치하여 이를 취급하지 않을 때의 모든 폐색신호기는 정지신호를 현시하고 취급하면 취급방향의 폐색신호기를 진행으로, 반대방향의 폐색신호기를 정지로 현시하게 한다. 신호와 폐색이 일원화되어 있기 때문에 인위적인 조작이 불가능하다. 자동폐색장치의 효과는 세 가지로 분류할 수 있는데 첫 번째로 열차 운행횟수를 증가시킬 수 있으며, 두 번째로 열차의 안전도가 향상되고 세 번째로 열차를 합리적으로 운용할 수 있다.

[자동폐색장치의 효과]

① 열차운행회수를 증가시킬 수 있다.
② 열차의 안전도를 향상시킬 수 있다.
③ 열차를 합리적으로 운용할 수 있다.

자동폐색식

◆ ATS 장치(지상신호방식 1,2호선): 점 제어방식

◆ 신호현시와는 무관하게 제한속도를 3초 이상 초과 시는 비상제동 체결로 자동제어되어 안전사고를 미연에 방지하는 장치

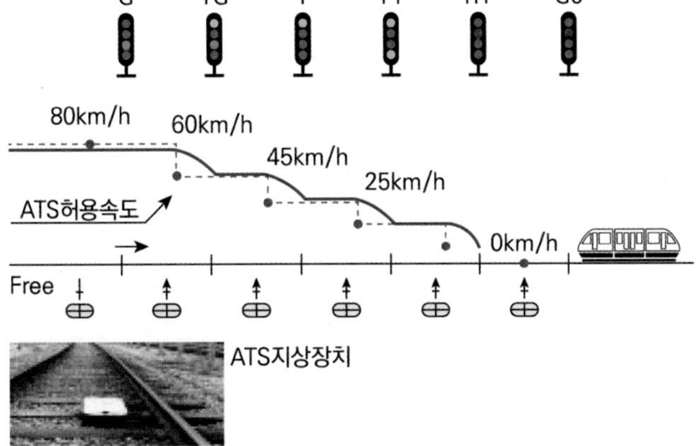

[차내신호폐색이란?(ATC구간에 사용)]

- 차내신호폐색식(Cab Signal Block System)은 자동폐색식 조건의 신호를 차내 신호로 ADU를 통해 기관사에게 현시하는 폐색 방식이다.
- 주로 열차자동운전장치(ATC) 구간에서 사용된다.
- 앞 열차와의 간격 및 진로의 조건에 따라 차내에 열차운전의 허용 지시 속도를 나타내고 그 지시 속도보다 낮은 속도로 열차의 속도를 제한하면서 열차를 운행할 수 있도록 한다.
- 차내신호의 지시속도를 초과 운전하거나 정지 신호가 있을 때, 혹은 ATC자동장치가 고장났을 때 자동으로 제동장치가 작동하여 자동으로 열차가 허용 지시 속도 이하로 감속하거나 비상 정차하는 특성이 있으며 복선구간에서만 사용된다.

차내신호폐색식

ATC 장치 (차상신호방식 3,4 호선)

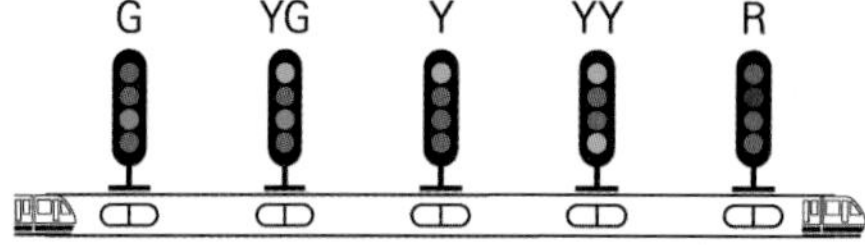

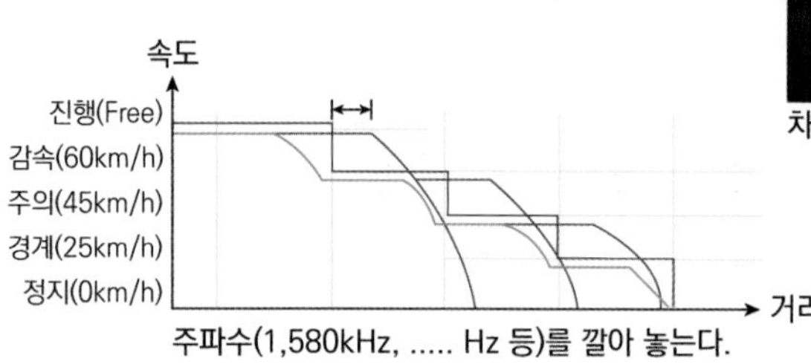

차내신호기

[연동폐색식]

연동장치

선로전환기, 신호기 등을 전기적, 기계적으로 연쇄 관계를 유지하며 동작시켜 열차운행을 안전하고 원활하게 하는 장치 (과거에 많이 활용되었다. 단선이나 복선일 때 사용되었다. 지금은 더 이상 사용하지 않는다.)

연동폐색식: A역과 B역 간 상호 협의하여 신호 현시

용어설명
• 연쇄: 신호전환기 및 신호기의 취급에 일정한 순서와 규칙을 만들어 쇄정토록 한 것
• 연동: 연쇄 관계를 유지하여 동작하는 것

[연동폐색식이란?]

- 연동폐색식(controlled manual bolck system)은 역간을 1폐색으로 하고 폐색구간의 양 끝에 폐색 취급버튼을 설치하여 이를 신호기와 연동시켜 신호 현시와 폐색의 이중 취급을 단일화한 방식이다.
- 즉, 출발신호기와 폐색신호기를 폐색장치와 상호 연동시킴으로써 한 가지라도 충족되지 않으면 열차를 출발시킬 수 없다. 이를 위해 연동폐색장치가 설치되는데 거기에는 폐색승인 요구기능의 출발버튼, 폐색승인 기능의 장내버튼, 개통 및 취소버튼과 출발폐색, 장내폐색, 진행 중의 세 가지 표시등이 있으며 출발역에서 폐색승인을 요구하면 도착역의 전원에 의해 승인이 이루어지는 방식이다.
- 복선구간과 단선구간 모두 사용이 된다.

[제51조 자동폐색장치의 구비조건]

자동폐색식을 시행하는 폐색구간의 폐색신호기 · 장내신호기 및 출발신호기는 다음 각 호의 조건을 구비하여야 한다.
자동패색이 아닌 경우에는 장을 붙여 놓아 "아! 다음은 '장내신호기', 즉 역장이 관리하는 신호기로 들어가는구나"
(출)은 출발 신호기로구나! 자동패색이 아니구나!

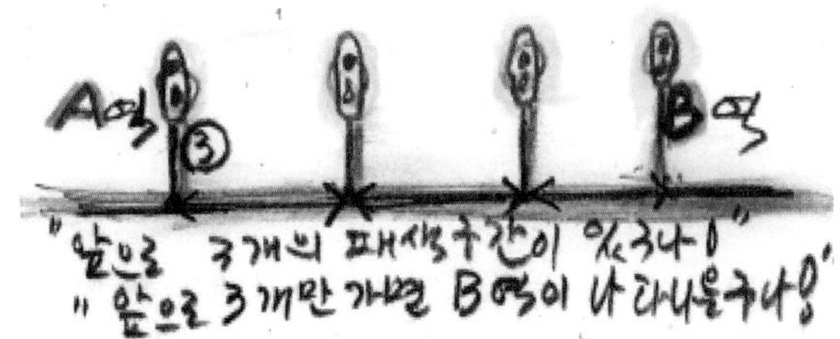

백색원판 흑색글씨: 다음 정류장까지 갈 때 앞으로 신호기가 1개 남았다는 것을 의미

〈학습코너〉

폐색장치란?

1) 고정폐색장치(Fixed Block System)

고정폐색: 역 간 궤도회로의 폐색구간을 최초 계획된 운전 시격에 맞추어 분할하고 이 분할된 구간 내에 궤도회로를 설치하여 해당 속도명령을 궤도회로에 송신하는 방식(AF방식)

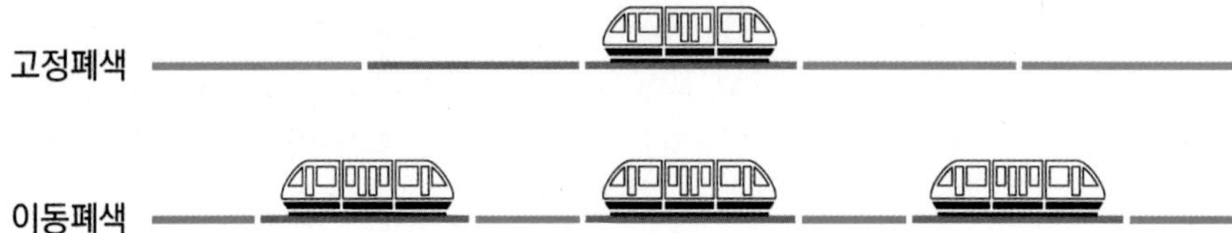

2) 자동폐색장치(ABS: Automatic Block System)

자동폐색: 역과 역 사이를 다수구역(폐색)으로 분할하고 구역마다 설치된 신호기가 자동적으로 속도를 지시하여 열차운행 밀도가 향상된 신호장치

3) 이동폐색 방식(Moving Block System)

이동폐색: 궤도회로가 없고 폐색구간이 없다. 고정폐색구간의 개념을 깨뜨린다(신분당선, 소사-원시 구간에 적용). 궤도회로 없이 선후행 열차 상호 간 위치속도를 무선신호 전송매체에 의하여 파악한다. 열차 스스로 이동하면서 자동운전이 이루어지는 첨단 폐색방식이다.

※ 고정폐색방식보다 선로용량을 증대시킬 수 있고, 운행밀도를 높일 수 있다.

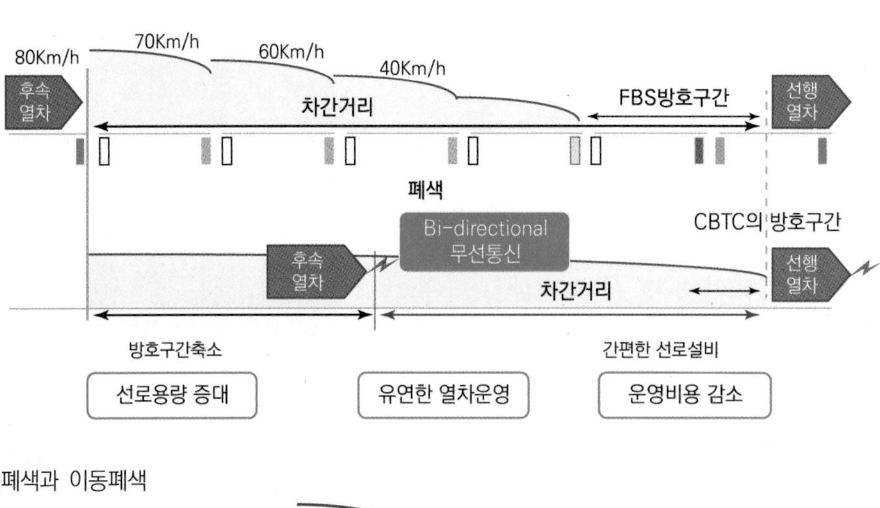

고정폐색과 이동폐색

Occupancy Occupancy

Fixed block

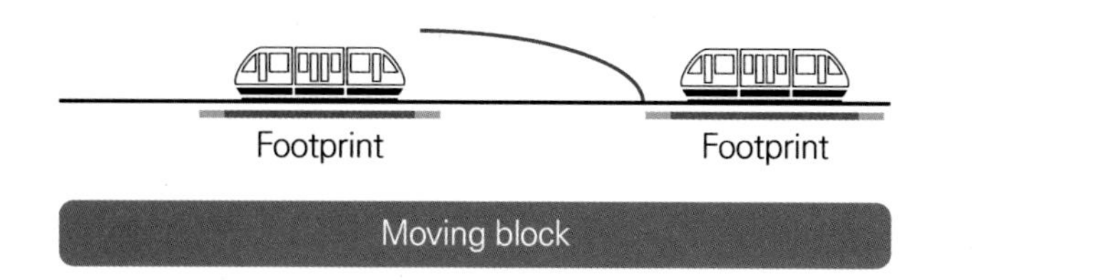

Footprint
Footprint
Moving block

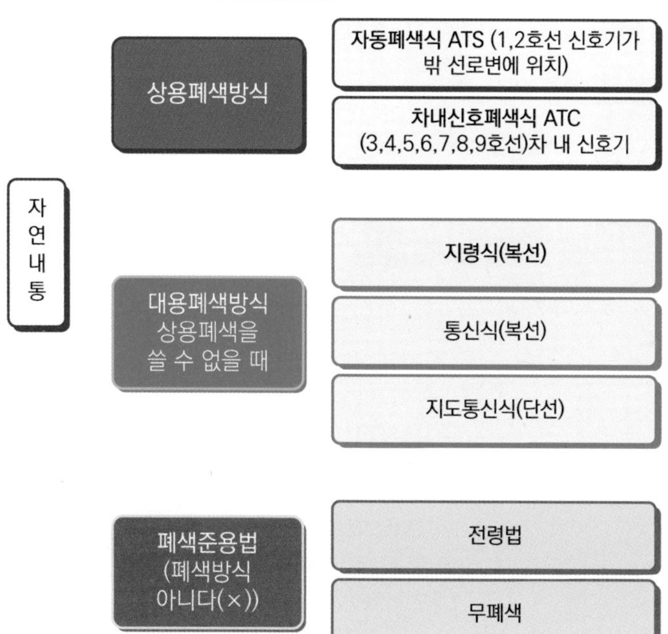

철도차량운전규칙(KORAIL)
자연내통
상용폐색방식
자동폐색식 ATS (1,2호선 신호기가 밖 선로변에 위치)
차내신호폐색식 ATC (3,4,5,6,7,8,9호선)차 내 신호기
대용폐색방식 상용폐색을 쓸 수 없을 때
지령식(복선)
통신식(복선)
지도통신식(단선)
폐색준용법 (폐색방식 아니다(×))
전령법
무폐색

통표폐색식

통표폐색식: 단선구간에서만 사용
단선: 과거에 통표폐색식이 단선에 주로 사용
(복선: ATS, ATC, 연동폐색식)

통표를 역무원이 통표폐색기에 반납하면 다시 해당 구간에(인접 역 간의 상호협의 후) 열차를 투입할 수 있게 된다.

"신호 땡땡!"
"지금 차 가고 있습니다"

통표폐색기

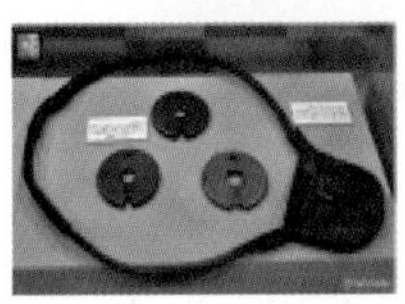

통표: 한 정류장에 한 개 모양으로만 통과할 수 있고, 하나씩만 존재한다.

통표

단선운전구간에서는 A역과 B역 사이에 열차를 동시에 운행하도록 하면 충돌사고가 생긴다. 이를 방지하고 열차운행의 안전을 기하기 위한 보안 장치의 하나로 통표폐색식이 있다.
이 통표는 지름 10cm의 놋쇠 등으로 된 원판으로 중앙에 구멍이 뚫려있는데 구멍 모양은 원, 사각, 십자 등 형이 있다. 이 형상은 역 사이마다 정해져 있고 순서대로 순환지정되어 있다.
기관사는 통표 휴대기에 넣은 정해진 모양의 통표를 역장으로부터 받아가지 않으면 열차를 발차시키지 못한다. 이 때문에 역과 역 사이에는 동시에 1개의 통표밖에 꺼낼 수 없게 된 장치가 설치되어 있다.
통표는 운전허가증으로 통표휴대기에 넣어서 다음 역까지 기관사가 갖고 운전해야 한다. 역에 도착해서 다음 역으로 운전하려면 또 다른 통표를 받아서 운행해야 한다. 불과 몇 년 전까지만 해도 열차가 운행하려면 반드시 필요한 장비 중에 하나였다.

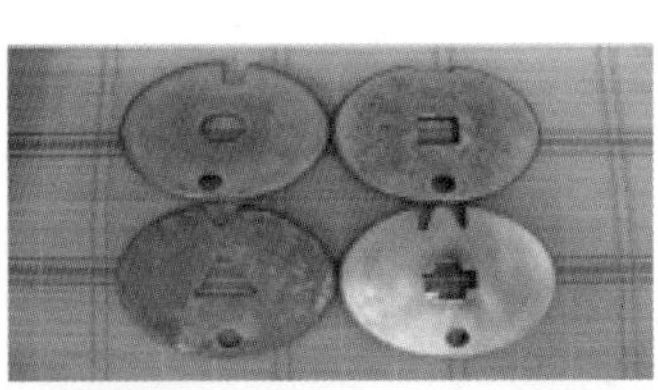

[도시철도운전규칙(서울교통공사)]

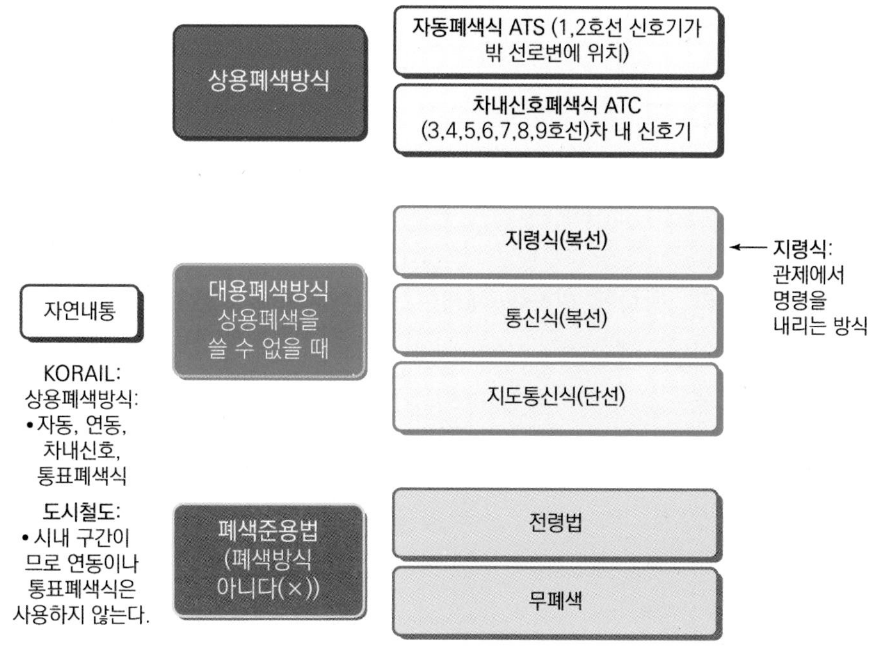
상용폐색방식
자동폐색식 ATS (1,2호선 신호기가 밖 선로변에 위치)
차내신호폐색식 ATC (3,4,5,6,7,8,9호선)차 내 신호기
자연내통
대용폐색방식 상용폐색을 쓸 수 없을 때
지령식(복선)
통신식(복선)
지도통신식(단선)
지령식: 관제에서 명령을 내리는 방식
KORAIL: 상용폐색방식: •자동, 연동, 차내신호, 통표폐색식
도시철도: •시내 구간이므로 연동이나 통표폐색식은 사용하지 않는다.
폐색준용법 (폐색방식 아니다(×))
전령법
무폐색

제52조(연동폐색장치의 구비조건)

연동폐색식을 시행하는 폐색구간 양끝의 정거장 또는 신호소에는 연동폐색기를 설치하되, 다음 각 호의 조건을 구비하여야 한다.

예제 **연동폐색식을 시행하는 [ ] [ ]의 정거장 또는 신호소에는 [ ]를 설치한다.**

정답 폐색구간, 양끝, 연동폐색기

[연동폐색장치의 구비조건]

1. 신호기와 연동하여 자동으로 다음 각 목의 표시를 할 수 있을 것
   가. 열차폐색구간에 있음
   나. 열차폐색구간에 없음
2. 열차가 폐색구간에 있을 때에는 그 구간의 신호기에 진행을 지시하는 신호를 현시할 수 없을 것

예제 **열차가 폐색구간에 있을 때에는 그 구간의 [ ]에 [ ]을 지시하는 신호를 현시할 수 [ ]**

정답 신호기, 진행, 없을 것

3. 폐색구간에 진입한 열차가 그 구간을 통과한 후가 아니면 "열차폐색구간에 있음"의 표시를 변경할 수 없을 것
4. 단선구간에 있어서 하나의 방향에 대하여 폐색이 이루어지면 그 반대방향의 신호기는 자동으로 정지신호를 현시할 것

[제52조 연동폐색장치의 구비조건]

연동폐색식(선로전환기가 연동된 신호기)을 시행하는 폐색구간 양끝의 정거장 또는 신호소에는 연동폐색기를 설치하되, 다음 각 호의 조건을 구비하여야 한다(통표패색식보다 한 단계 더 진전된 폐색장치).

1. 신호기와 연동하여 자동으로 표시
   가. 열차폐색구간에 있음 → 정지
   나. 열차폐색구간에 없음 → 진행
2. 열차가 있는 폐색구간의 신호기에 진행을 지시하는 신호를 현시할 수 없을 것
3. 폐색구간에 진입한 열차가 그 구간을 통과한 후가 아니면 "열차폐색구간에 있음"의 표시를 변경할 수 없을 것
4. 단선 구간에 있어서 하나의 방향에 대하여 폐색이 이루어지면 그 반대방향의 신호기 → 정지신호

예제 **다음 중 연동폐색장치의 구비조건으로 맞지 않는 것은?**

가. 열차가 폐색구간에 있을 때에는 그 구간의 신호기에 진행을 지시하는 신호를 현시할 수 없을 것
나. 신호기와 별개로 '열차폐색구간에 있음' 및 '열차폐색구간에 없음' 표시를 할 수 있을 것
다. 폐색구간에 진입한 열차가 그 구간을 통과한 후가 아니면 '열차폐색구간에 있음'의 표시를 변경할 수 없을 것
라. 단선구간에 있어서 하나의 방향에 대하여 폐색이 이루어지면 그 반대방향의 신호기는 자동으로 정지신호를 현시할 것

정답 철도차량운전규칙 제52조(연동폐색장치의 구비조건): 신호기와 연동하여 '열차폐색구간에 있음' 및 '열차폐색구간에 없음' 표시를 할 수 있을 것

제53조(열차를 연동폐색구간에 진입시킬 경우의 취급)

① 열차를 폐색구간에 진입시키고자 하는 때에는 "열차폐색구간에 없음"의 표시를 확인하고 전방의 정거장 또는 신호소의 승인을 얻어야 한다.

예제 열차를 폐색구간에 진입시키고자 하는 때에는 [ ]의 표시를 확인하고 전방의 [ ]의 승인을 얻어야 한다.

정답 "열차폐색구간에 없음", 정거장 또는 신호소

② 제1항의 규정에 의한 승인은 "열차 폐색구간에 있음"의 표시로써 하여야 한다.

③ 폐색구간에 열차 또는 차량이 있을 때에는 제1항의 규정에 의한 승인을 할 수 없다.

제54조(차내신호폐색장치의 구비조건)

차내신호폐색식을 시행하는 구간의 차내신호는 다음 각 호의 어느 하나에 해당하는 경우에는 자동으로 정지신호를 현시하여야 한다.

[차내신호폐색식의 차내신호가 자동으로 정지신호를 현시해야 하는 경우]

1. 폐색구간에 열차 또는 다른 차량이 있는 경우
2. 폐색구간에 있는 선로전환기가 정당한 방향에 있지 아니한 경우
3. 다른 선로에 있는 열차 또는 차량이 폐색구간을 진입하고 있는 경우
4. 열차자동제어장치의 지상장치에 고장이 있는 경우
5. 열차 정상운행선로의 방향이 다른 경우

[제54조 차내신호폐색장치의 구비조건]

차내신호폐색식을 시행하는 구간의 차내신호는 다음의 경우 자동으로 정지신호를 현시하여야 한다.

1. 폐색구간에 열차 또는 다른 차량이 있는 경우
2. 폐색구간에 있는 선로전환기가 정당한 방향에 있지 아니한 경우
3. 다른 선로에 있는 열차 또는 차량이 폐색구간을 진입하고 있는 경우
4. 열차자동제어장치의 지상장치(철길(선로)에 있는 장치)에 고장이 있는 경우

5. 열차 정상운행선로의 방향이 다른 경우
〈학습코너〉
ATS는 지상에 책상 크기의 판을 설치해 놓았다.
ATC(3,4호선)에서는 신호기도 없고, 철길만 있다(즉 3,4호선은 차상장치만 있다).

예제 **열차자동제동장치(ATS)의 차상장치에 고장이 있는 경우 정지신호를 현시한다.**

해설 차상장치가 아니라 지상장치이다. (자주 출제되는 문제 선로전환기, 배향, 대향 등)

예제 **차내폐색신호기의 구비조건에 관한 내용으로 자동으로 정지신호를 현시하는 경우가 아닌 것은?**

가. 열차 정상운행선로의 방향과 동일한 경우
나. 열차자동제어장치의 지상장치에 고장이 있는 경우
다. 다른 선로에 있는 열차 또는 차량이 폐색구간을 진입하고 있는 경우
라. 폐색구간에 있는 선로전환기가 정당한 방향에 있지 아니한 경우

해설 철도차량운전규칙 제54조(차내신호폐색장치의 구비조건): '열차 정상운행선로의 방향이 다른 경우'가 맞다.

[차내신호 폐색식 ATC]

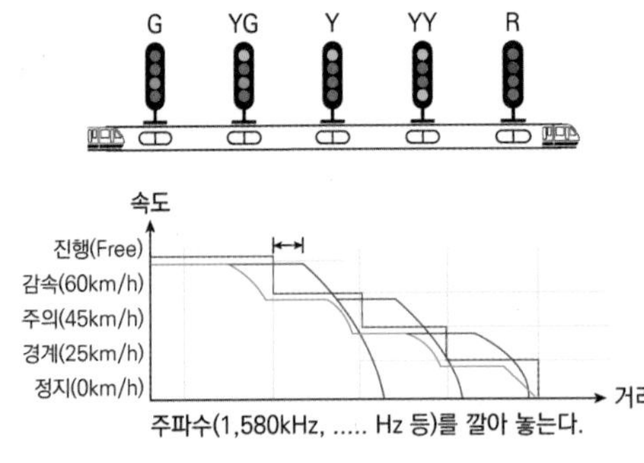

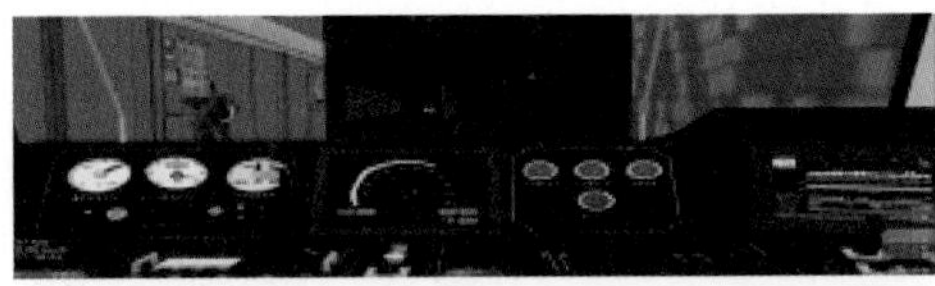

원형 차상속도계에 속도를 현시

[ATC 차내신호의 구성(구간별로 제한속도를 정해준다)]

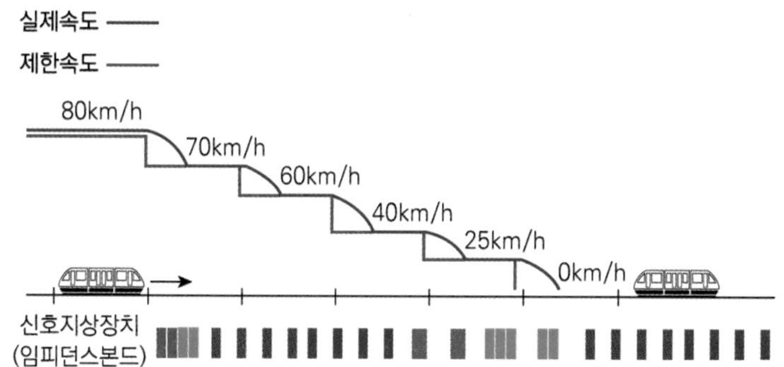

※ 서울교통공사-차상신호의 구성: 구간별로 제한속도를 정해준다.

[ATC 동작개념도]

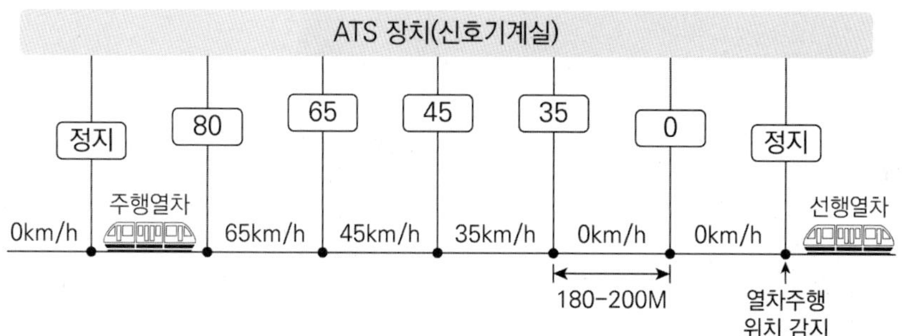

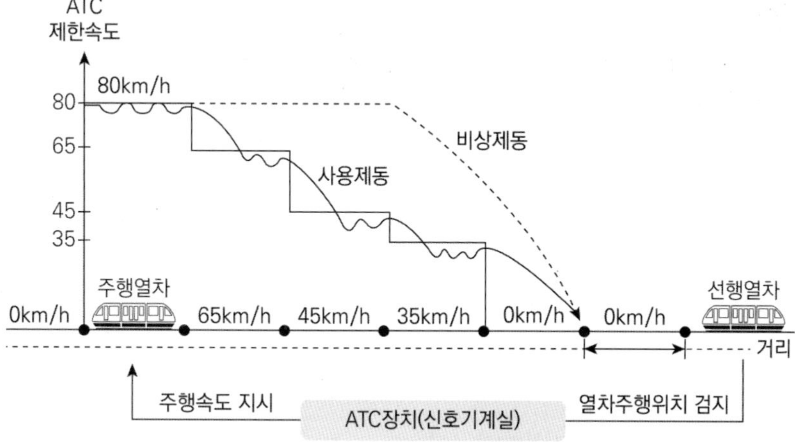

▲ 서울도시철도공사 - ATC 동작개념도

[열차 간 간격을 더욱 좁히자: Distance - to - Go]

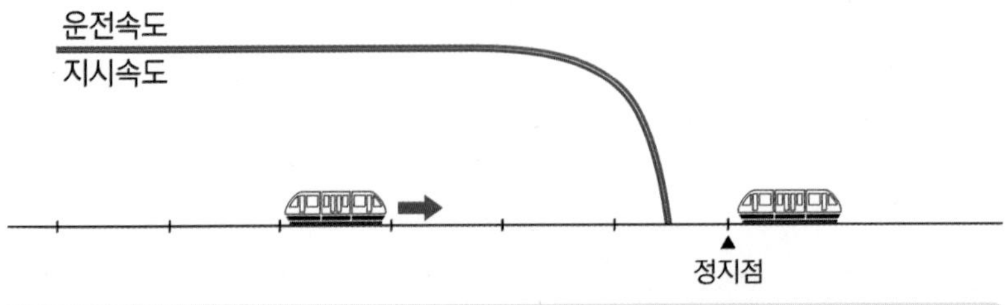

▲ 서울교통공사_ Distance-to-Go 방식 개념도: 앞차를 고려하여 가장 가까이 갈 수 있는 제한속도를 연산하여 알려준다.

[ATO시스템의 현장 TWC(Train Wayside Communication) 장치]

서울도시철도-TWC(Train Wayside Communication) 장치.
승강장의 출입문 자동제어와 열차간 정보교환을 위한 장치, 열차가 정위치에 정차할 수 있도록 한다.

예제 **차내신호폐색식을 시행하는 구간에서 차내신호가 자동으로 정지신호를 현시하는 경우로 틀린 것은?**

가. 폐색구간에 열차 또는 다른 차량이 있는 경우

나. 폐색구간에 있는 선로전환기가 정당한 방향에 있지 않는 경우

다. 열차자동제어장치의 차상장치에 고장이 있는 경우

라. 열차 정상운행선로의 방향이 다른 경우

해설 철도차량운전규칙 제54조(차내신호폐색장치의 구비조건) 차내신호폐색식을 시행하는 구간의 차내신호는 다음 각 호의 어느 하나에 해당하는 경우에는 자동으로 정지신호를 현시하여야 한다.
1. 폐색구간에 열차 또는 다른 차량이 있는 경우
2. 폐색구간에 있는 선로전환기가 정당한 방향에 있지 아니한 경우
3. 다른 선로에 있는 열차 또는 차량이 폐색구간을 진입하고 있는 경우
4. 열차자동제어장치의 지상장치에 고장이 있는 경우
5. 열차 정상운행선로의 방향이 다른 경우

제55조(통표폐색장치의 구비조건)

① 통표폐색식을 시행하는 폐색구간 양끝의 정거장 또는 신호소에는 다음 각 호의 조건을 구비한 통표폐색장치를 설치하여야 한다.

1. 통표는 폐색구간 양끝의 정거장 또는 신호소에서 협동하여 취급하지 아니하면 이를 꺼낼 수 없을 것
2. 폐색구간 양끝에 있는 통표폐색기에 넣은 통표는 1개에 한하여 꺼낼 수 있으며, 꺼낸 통표를 통표폐색기에 넣은 후가 아니면 다른 통표를 꺼내지 못하는 것일 것
3. 인접 폐색구간의 통표는 넣을 수 없는 것일 것

② 제1항의 규정에 의한 통표폐색기에는 그 구간 전용의 통표만을 넣어야 한다. 인접폐색구간의 통표는 그 모양을 달리하여야 한다.

④ 열차는 당해 구간의 통표를 휴대하지 아니하면 그 구간을 운전할 수 없다. 다만, 특별한 사유가 있는 경우에는 그러하지 아니하다.

[통표폐색(Tablet Instrument Block System)]

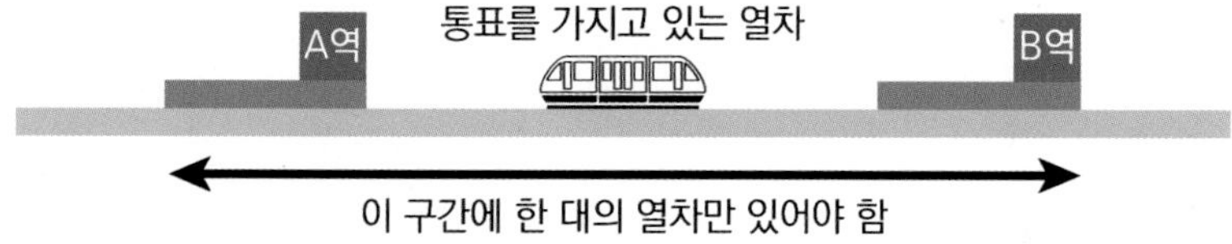

[통표폐색식(Tablet Instrument Block System)]

예제 **다음 중 통표폐색장치의 구비조건에 관한 설명으로 틀린 것은?**

가. 통표는 폐색구간 양끝의 정거장 또는 신호소에서 협동하여 취급하지 아니하면 이를 꺼낼 수 없을 것

나. 인접폐색구간의 통표의 모양은 서로 비슷할 것

다. 인접 폐색구간의 통표는 넣을 수 없는 것일 것

라. 폐색구간 양 끝에 있는 통표폐색기에 넣은 통표는 1개에 한하여 꺼낼 수 있으며, 꺼낸 통표를 통표폐색기에 넣은 후가 아니면 다른 통표를 꺼내지 못하는 것일 것

해설 철도차량운전규칙 제55조(통표폐색장치의 구비조건) 제3항 인접폐색구간의 통표는 그 모양을 달리하여야 한다.

[제55조 통표폐색장치의 구비 조건]

① 통표폐색식을 시행하는 폐색구간 양끝의 정거장 또는 신호소에는 통표폐색장치를 설치

1. 통표는 폐색구간 양끝의 정거장 또는 신호소에서 협동하여 취급하지 아니하면 이를 꺼낼 수 없을 것

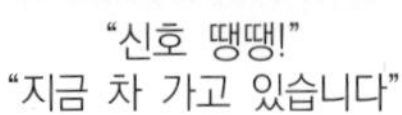

"신호 땡땡!"
"지금 차 가고 있습니다"

2. 폐색구간 양끝에 있는 통표폐색기에 넣은 통표는 1개에 한하여 꺼낼 수 있으며, 꺼낸 통표를 통표폐색기에 넣은 후가 아니면 다른 통표를 꺼내지 못하는 것일 것
3. 인접 폐색구간의 통표는 넣을 수 없는 것일 것

② 제1항의 규정에 의한 통표폐색기에는 그 구간 전용의 통표만을 넣어야 한다.
③ 인접폐색구간의 통표는 그 모양을 달리하여야 한다.
④ 열차는 당해 구간의 통표를 휴대하지 아니하면 그 구간을 운전할 수 없다.

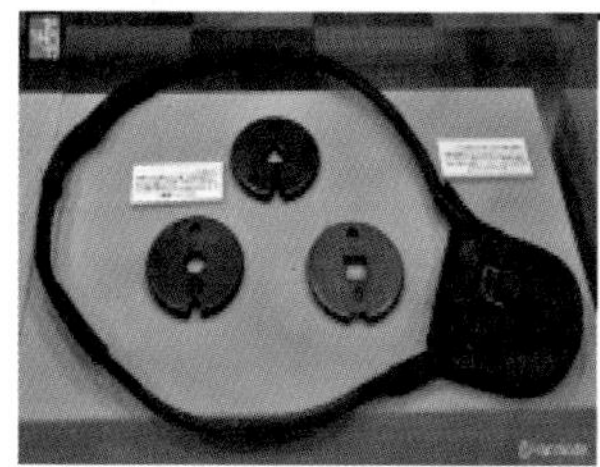

제56조(열차를 통표폐색구간에 진입시킬 경우의 취급)

① 열차를 통표폐색구간에 진입시키고자 하는 때에는 폐색구간에 열차가 없는 것을 확인하고 운행하고자 하는 방향의 정거장 또는 신호소 운전취급책임자의 승인을 얻어야 한다.
② 열차의 운전에 사용하는 통표는 통표폐색기에 넣은 후가 아니면 이를 다른 열차의 운전에 사용할 수 없다. 다만, 고장열차가 있는 폐색구간에 구원열차를 운전하는 경우 등 특별한 사유가 있는 경우에는 그러하지 아니하다.

제57조(통신식 대용폐색 방식의 통신장치)

통신식을 시행하는 구간에는 전용의 통신설비를 설치하여야 한다. 다만, 다음 각 호의 어느 하나에 해당하는 경우에는 다른 통신설비로서 이를 대신할 수 있다.

1. 운전이 한산한 구간인 경우
2. 전용의 통신설비에 고장이 있는 경우
3. 철도사고등의 발생 그 밖에 부득이한 사유로 인하여 전용의 통신설비를 설치할 수 없는 경우

[철도차량운전규칙(KORAIL)]

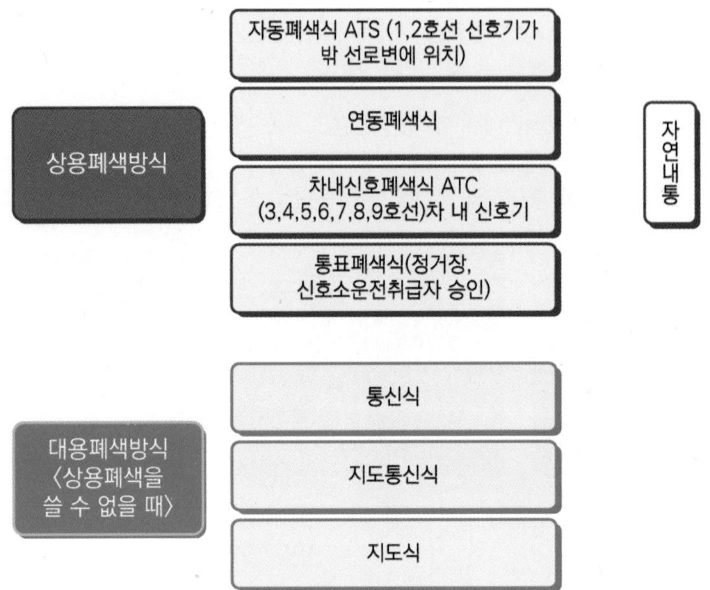

예제 **다음 중 통신식을 시행하는 구간에는 전용통신설비가 아닌 다른 통신설비로 대신할 수 있는 경우로 맞는 것은?**

가. 전용의 통신설비가 있는 경우
나. 운전이 복잡한 구간인 경우
다. 사전에 다른 통신설비를 설치한 경우
라. 전용의 통신설비에 고장이 있는 경우

해설 철도차량운전규칙 제57조(통신식 대용폐색 방식의 통신장치): 전용의 통신설비에 고장이 있는 경우 다른 통신설비로서 이를 대신할 수 있다.

예제 **다음 중 통신식 대용폐색방식을 시행하는 구간에서 전용의 통신설비가 아닌 다른 통신설비로 대신할 수 있는 경우가 아닌 것은?**

가. 운전이 한산한 구간인 경우
나. 전용의 통신설비에 고장이 있는 경우
다. 양끝 정거장 및 신호소의 운전취급책임자가 협의한 경우
라. 철도사고등의 발생 그 밖에 부득이한 사유로 인하여 전용의 통신설비를 설치할 수 없는 경우

해설 철도차량운전규칙 제57조(통신식 대용폐색 방식의 통신장치): '양끝 정거장 및 신호소의 운전취급책임자가 협의한 경우'는 해당되지 않는다.

제58조(열차를 통신식 폐색구간에 진입시킬 경우의 취급)

① 열차를 통신식 폐색구간에 진입시키려 하는 경우에는 관제업무종사자 또는 차량운전취급책임자의 승인을 얻어야 한다.

예제 **열차를 통신식 폐색구간에 진입시키려 하는 경우에는 [ ] 또는 [ ]의 승인을 얻어야 한다.**

정답 관제업무종사자, 차량운전취급책임자

② 관제업무종사자 또는 차량운전취급책임자는 폐색구간에 열차 또는 차량이 없음을 확인하지 아니 하고서는 열차의 진입을 승인하여서는 아니된다.

[제58조 열차를 통신식 폐색구간에 진입시킬 경우의 취급(복선인 경우)]

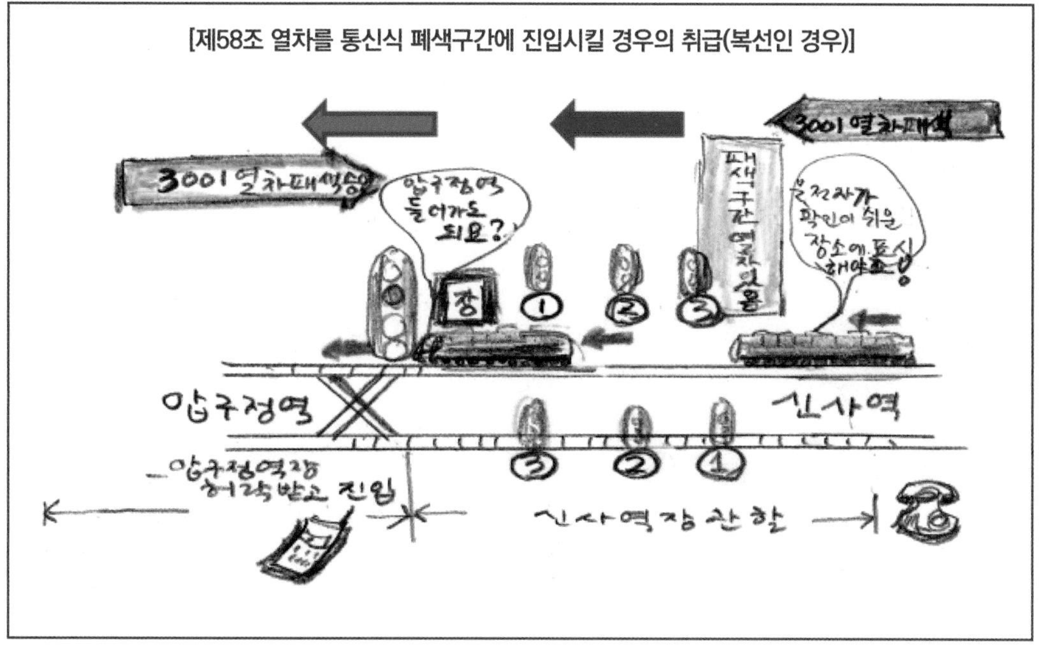

제59조(지도통신식의 시행)

① 지도통신식을 시행하는 구간에는 폐색구간 양끝의 정거장 또는 신호소의 통신설비를 사용하여 서로, 협의한 후 시행한다.

예제 지도통신식을 시행하는 구간에는 [　　　　　] [　　　　　] 또는 [　　　　　]를 사용하여 서로 [　　]한 후 시행한다

정답 폐색구간, 양끝의 정거장, 신호소의 통신설비, 협의

② 지도통신식을 시행하는 경우 폐색구간 양끝의 정거장 또는 신호소가 서로 협의한 후 지도표를 발행하여야 한다.

③ 제2항의 규정에 의한 지도표는 1폐색구간에 1매로 한다.

예제 지도표는 [　　]폐색구간에 [　　]매로 한다.

정답 1, 1

[제 59조 지도통신식의 시행]

① 지도통신식을 시행하는 구간(단선구간)에는 폐색구간 양끝의 정거장 또는 신호소의 통신설비를 사용하여 서로 협의한 후 시행한다.

② 지도통신식을 시행하려는 경우 폐색구간 양끝의 정거장 또는 신호소가 서로 협의한 후 지도표를 발행하여야 한다.

③ 지도표는 1폐색 구간에 1매로 한다(단선일 때 주로 쓰지만, 선상에 고장차량이 발생했을 때도 사용)

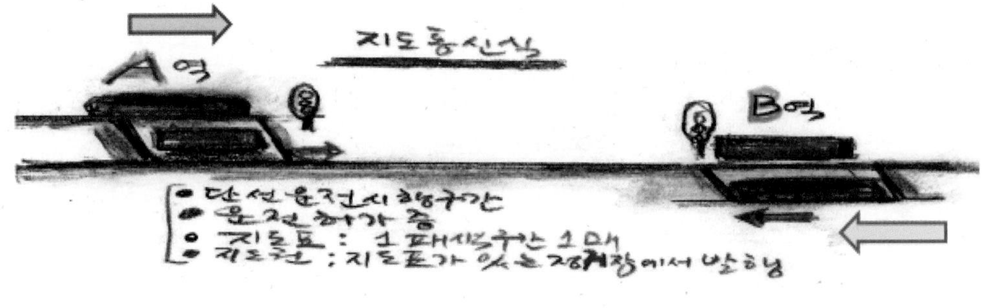

[지도통신식]

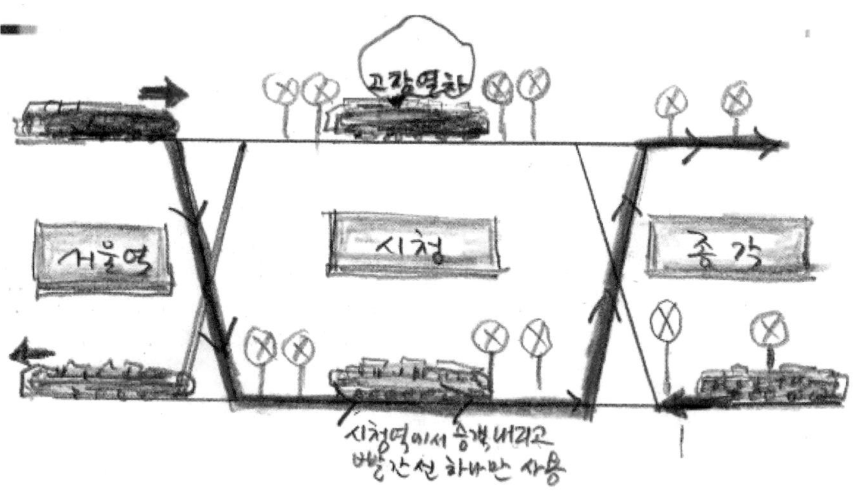

[가좌역 선로 침하사고 시 지도통신식 적용]

이때 신촌-가좌 가좌-수색 사이에는 평상시처럼 자동폐색방식을 사용할 수 없었다. 따라서 복선구간자동폐색을 사용할수 없다면 규정대로 대용폐색방식을 써야 하고 그 방법으론 지도동신식을 사용해야 한다.

지도통신식에는 폐색신호기는 무효화되며 대신에 운전허가증인 지도표와 지도권이 사용되어 열차운행을 보증하게 된다.

지도표가 있는 열차만이 운행을 할 수가 있다. 가령 신촌-가좌역간에는 이 지도표를 가지고 있는 열차 하나만이 운행할 수 있다. 당연히 상하행열차중에 단 하나만이 운행하기 때문에 열차의 운행빈도가 낮아지므로 엄청난 지체가 생긴다.

연속해서 한 방향으로 열차가 운행한다면 지도표를 가진 역에서 지도권을 발행해서 연속해서 열차를 보낼 수 있다. 물론 앞 열차가 다음 역에 들어가서 선로가 비었다는 조건은 변함이 없다.

지도통신식은 양쪽역 중 하나만 실수해도 열차가 정면충돌하는 사고가 발생하기 때문에 역장의 취급이 무척 엄격해야 한다. [출처] 어이없던 가좌역사고 이후 (작성자 gt36cw)

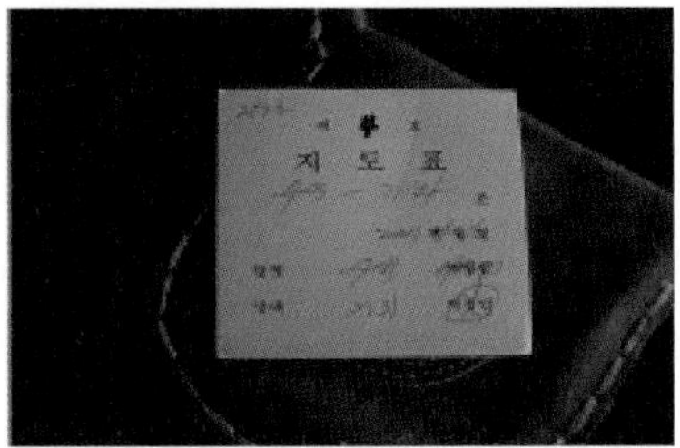

가좌역에서 받은 신촌 지도권

제60조(지도표와 지도권의 사용구별)

[지도식(KORAIL)] 〈단선구간〉

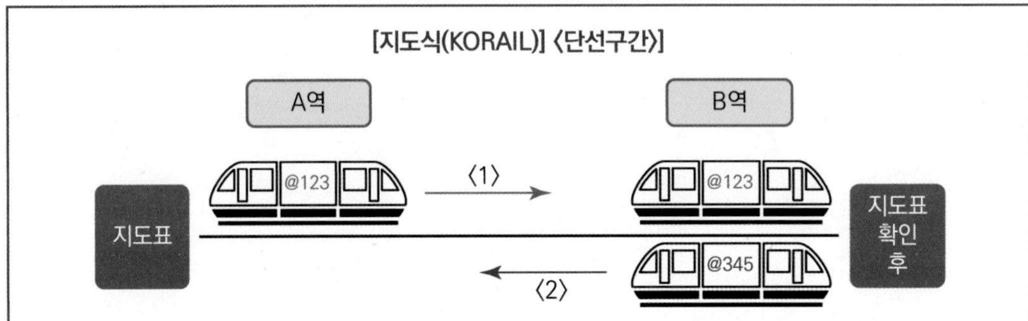

지도식: 단선구간

지도표를 발행하여 지도표를 가진 열차가 들어오면 반대방향으로 열차를 보내는 방식

예를 들어 A역과 B역이 있고 A역에서 B역쪽으로 @123열차가 운행한다고 가정

1. A역에서 A역장이 지도표를 발행하여 @123열차에게 준다.
2. @123열차 기관사는 그 지도표(운전허가증)를 들고 B역까지 운전을 해 온다.
3. B역에서 역장이 지도표가 들어온 것을 확인한다.
4. B역장이 지도표가 들어온 것을 확인한 후 A역 방향으로 @345 열차를 보낼 수 있다.

단선구간 혹은 복선구간을 단선운전 시 사용

[지도통신식(KORAIL, 서울교통공사)]

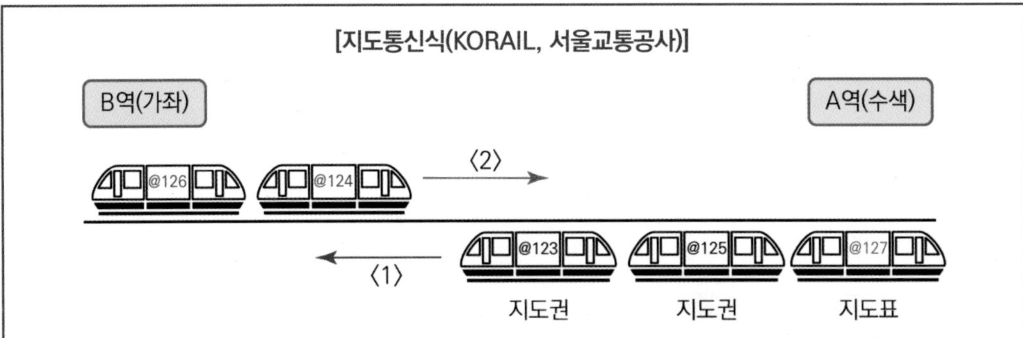

지도통신식

한 방향으로 더 많은 열차를 보낼 수 있는 장점이 있다.

A역에서 B역으로 123 125 127 열차가 있고 B역에서 A역으로 124 126 열차가 있다고 가정하면

1. 123 125 열차는 지도권을 가지고, 127 열차는 지도표를 가지고 B역 방향으로 온다.
2. 127 열차를 통해 지도표가 B역에 도착하면 "역장님! 이 차가 마지막차에요. 지도표 여기 있어요. 받으세요" 그러면 B역장은 "아 이제 모든 열차가 다 왔구나!! 이제 A역 쪽으로 124 열차를 보내도 좋다"

※ 지도통신식은 지도식에 비해 많은 열차를 보낼 수 있다.

@123 @125

지도권

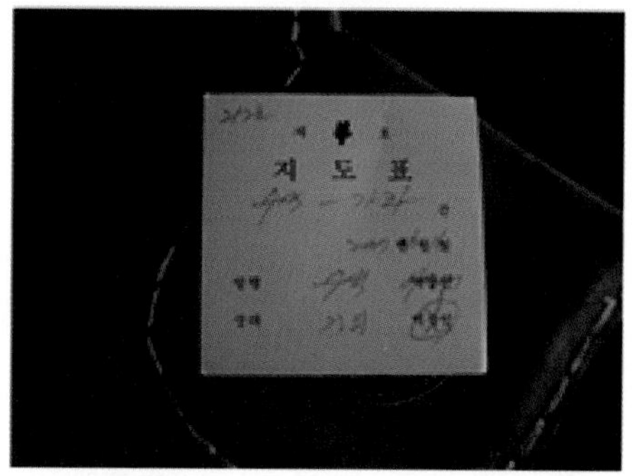

지도표 "역장님! 이 차가 마지막 차에요.
지도표 여기 있어요.
받으세요."

① 지도통신식을 시행하는 구간에서 동일 방향의 폐색구간으로 진입시키고자 하는 열차가 하나뿐인 경우에는 지도표를 교부하고, 연속하여 2 이상의 열차를 동일방향의 폐색구간으로 진입시키고자 하는 경우에는 최후의 열차에 대하여는 지도표를, 나머지 열차에 대하여는 지도권을 교부한다.

예제 **지도통신식을 시행하는 구간에서 동일 방향의 [   ]으로 진입시키고자 하는 열차가 [   ] 경우에는 [   ]를 교부한다.**

정답 폐색구간, 하나뿐인, 지도표

예제 **연속하여 [   ]의 열차를 동일 방향의 폐색구간으로 진입시키고자 하는 경우에는 [   ]에 대하여는 [   ]를, 나머지 열차에 대하여는 [   ]을 교부한다.**

정답 2 이상, 최후의 열차, 지도표, 지도권

[제60조 지도표와 지도권의 사용구별]

① 지도통신식을 시행하는 구간에서 동일방향의 폐색구간으로 진입시키고자 하는 열차가 하나뿐인 경우에는 지도표를 교부하고, 연속하여 2 이상의 열차를 동일방향의 폐색구간으로 진입시키고자 하는 경우에는 최후의 열차에 대하여는 지도표를, 나머지 열차에 대하여는 지도권을 교부한다.
② 지도권은 지도표를 가지고 있는 정거장 또는 신호소에서 서로 협의를 한 후 발행하여야 한다.

※ 예컨대 서울역 → 종각으로 가는 제일 마지막 열차가 빨간 지도표를 가져가서 종각역장에게 주어야지만 종각 → 서울역행 열차가 출발 할 수 있다. 지도표의 번호를 따라 일련번호로 정리한 것이 지도권이다.

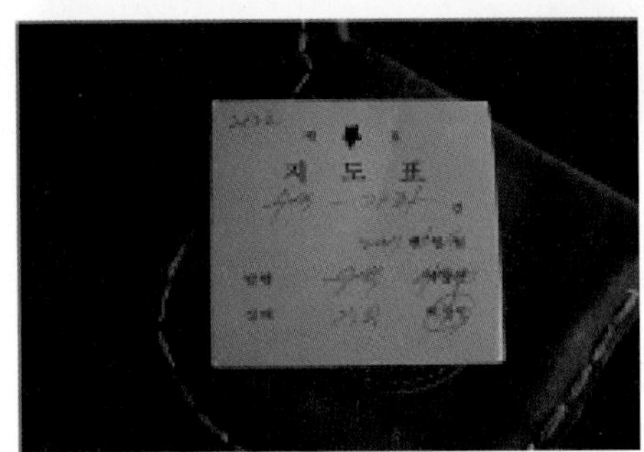

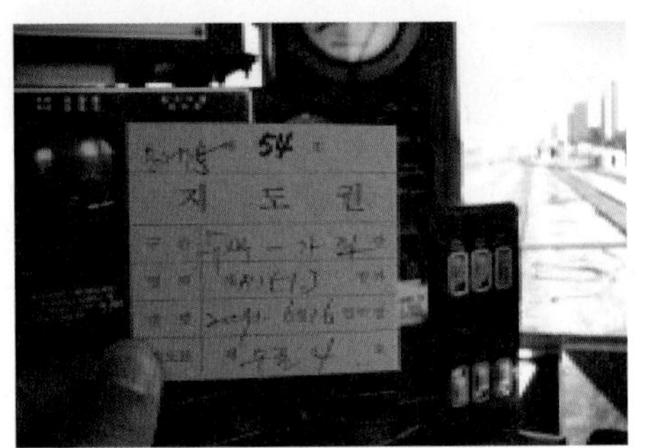

예제 다음 보기 중 대용폐색방식인 지도통신식 시행시 지도표의 발행 매수로 맞는 것은?

가. 1폐색구간 1매만 발행
나. 각 열차마다 1매씩 순서대로 발행
다. 선로방향별로 1매씩 발행
라. 운행방향별로 1매씩 발행

해설 철도차량운전규칙 제59조(지도통신식의 시행) 제3항: 지도표는 1폐색구간에 1매로 한다.

② 지도권은 지도표를 가지고 있는 정거장 또는 신호소에서 서로 협의를 한 후 발행하여야 한다.

예제 다음 중 운전허가증에 관한 설명으로 틀린 것은?

가. 지도표는 1폐색구간 1매로 한다.
나. 지도권에는 지도표 번호를 기입하여야 한다.
다. 동일방향 폐색구간에 연속하여 열차를 진입시킬 경우 최초의 열차에 대하여 지도표를 교부한다.
라. 통표는 양끝의 정거장 또는 신호소에서 협동하지 않으면 통표를 꺼낼 수 없다.

해설 철도차량운전규칙 제60조(지도표와 지도권의 사용구별) 제1항 지도통신식을 시행하는 구간에서 동일방향의 폐색구간으로 진입시키고자 하는 열차가 하나뿐인 경우에는 지도표를 교부하고, 연속하여 2 이상의 열차를 동일방향의 폐색구간으로 진입시키고자 하는 경우에는 최후의 열차에 대하여는 지도표를, 나머지 열차에 대하여는 지도권을 교부한다.

예제 **다음 중 지도통신식에 관한 설명으로 틀린 것은?**

가. 지도표는 1폐색구간에 1매로 한다.

나. 지도통신식을 시행하는 구간에는 폐색구간 양끝의 정거장 또는 신호소의 통신설비를 사용하여 서로 협의한 후 시행한다.

다. 지도통신식을 시행하는 경우 폐색구간 양끝의 정거장 또는 신호소가 서로 협의한 후 지도표를 발행하여야 한다.

라. 최초열차에는 지도표를 후속열차에는 지도권을 발행한다.

해설 철도차량운전규칙 제60조(지도표와 지도권의 사용구별) 제1항: 최후의 열차에 대하여는 지도표를, 나머지 열차에 대하여는 지도권을 교부한다.

제61조(열차를 지도통신식 폐색구간에 진입시킬 경우의 취급)

열차는 당해구간의 지도표 또는 지도권을 휴대하지 아니하면 그 구간을 운전할 수 없다. 다만, 고장열차가 있는 폐색구간에 구원열차를 운전하는 경우 등 특별한 사유가 있는 경우에는 그러하지 아니하다.

예제 **열차를 지도통신식 폐색구간에 진입시킬 경우에 [ ] 또는 [ ]을 휴대하지 아니하면 그 구간을 운전할 수 없다. 다만, [ ]가 있는 폐색구간에 [ ]를 운전하는 경우 등 특별한 사유가 있는 경우에는 그러하지 아니하다.**

정답 지도표, 지도권, 고장열차, 구원열차

예제 **철도차량운전규칙에서 지도권에 대한 설명으로 맞는 것은?**

가. 둘 이상의 열차를 같은 방향의 폐색구간으로 진입시킬 때 제일 마지막 열차에 사용한다.

나. 지도권에는 사용구간 · 사용열차 · 발행일자 및 지도표 번호를 기입하여야 한다.

다. 지도권은 상대역장 및 관제사와 협의하고 발행하여야 한다.

라. 지도식 시행하는 구간에서 지도권을 발행하여야 한다.

해설 철도차량운전규칙 제61조(열차를 지도통신식 폐색구간에 진입시킬 경우의 취급) 열차는 당해 구간의 지도표 또는 지도권을 휴대하지 아니하면 그 구간을 운전할 수 없다. 다만, 고장열차가 있는 폐색구간에 구원열차를 운전하는 경우 등 특별한 사유가 있는 경우에는 그러하지 아니하다.

[제61조 열차를 지도통신식 폐색구간에 진입시킬 경우의 취급]

열차는 당해구간의 지도표 또는 지도권을 휴대하지 아니하면 그 구간을 운전할 수 없다. 다만, 고장열차가 있는 폐색구간에 구원열차를 운전하는 경우 등 특별한 사유가 있는 경우에는 그러하지 아니하다.

[제62조 지도표 · 지도권의 기입사항]

① 지도표에는 그 구간 양끝의 정거장명 · 발행일자 및 사용열차번호를 기입하여야 한다.
② 지도권에는 사용구간 · 사용열차 · 발행일자 및 지도표 번호를 기입하여야 한다.

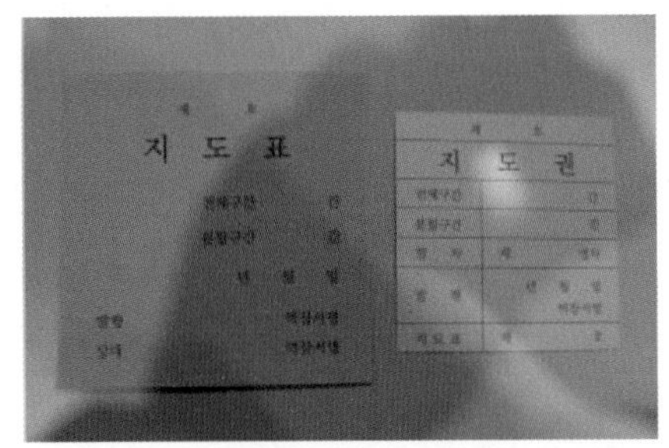

제62조(지도표 · 지도권의 기입사항)

① 지도표에는 그 구간 양끝의 정거장명, 발행일자 및 사용열차번호를 기입하여야 한다.

예제 지도표에는 그 구간 [ ]의 [ ], · [ ] 및 [ ]를 기입하여야 한다.

정답 양끝, 정거장명, 발행일자, 사용열차번호

② 지도권에는 사용구간, 사용열차, 발행일자 및 지도표 번호를 기입하여야 한다.

예제 **지도권에는 [ ], [ ], [ ] 및 [ ]를 기입하여야 한다.**

정답 사용구간, 사용열차, 발행일자, 지도표 번호

예제 **다음 중 지도권에 기입하는 사항으로 틀린 것은?**

가. 사용구간

나. 사용열차번호

다. 지도표 번호

라. 지도권 번호

해설 철도차량운전규칙 제62조(지도표 · 지도권의 기입사항) 제1항 지도표에는 그 구간 양끝의 정거장명 · 발행일자 및 사용열차번호를 기입하여야 한다. 제2항 지도권에는 사용구간 · 사용열차 · 발행일자 및 지도표 번호를 기입하여야 한다.

예제 **다음 중 지도표에 기입하여야 할 사항으로 틀린 것은?**

가. 지도표 번호

나. 그 구간 양끝의 정거장 명

다. 사용열차 번호

라. 발행일자

해설 철도차량운전규칙 제62조(지도표 · 지도권의 기입사항): 지도표에는 그 구간 양끝의 정거장명 · 발행일자 및 사용열차번호를 기입하여야 한다.

예제 **철도차량 운전규칙에 관한 설명으로 틀린 것은?**

가. 고장열차가 있는 폐색구간에 구원열차를 운전하는 경우에는 당해구간의 지도표 또는 지도권을 휴대하지 아니하고 그 구간을 운전할 수 있다.

나. 지도권은 지도표를 가지고 있는 정거장 또는 신호소에서 서로 협의를 한 후 발행하여야 한다.

다. 지도표와 지도권에는 양쪽의 역 이름 또는 소(所) 이름, 관제사, 명령번호, 열차번호 및 발행일과 시각을 적어야 한다.

라. 지도식은 철도사고등의 수습 또는 선로보수공사 등으로 현장과 가장 가까운 정거장 또는 신호소간을 1폐색구간으로 하여 열차를 운전하는 경우에 후속열차를 운전할 필요가 없을 때에 한하여 시행한다.

해설 철도차량운전규칙 제62조(지도표 · 지도권의 기입사항) ① 지도표에는 그 구간 양끝의 정거장명 · 발행일자 및 사용열차번호를 기입하여야 한다.
② 지도권에는 사용구간 · 사용열차 · 발행일자 및 지도표 번호를 기입하여야 한다.

제63조(지도식의 시행)

지도식은 철도사고등의 수습 또는 선로보수공사 등으로 현장과 가장 가까운 정거장 또는 신호소 간을 1폐색구간으로 하여 열차를 운전하는 경우에 후속열차를 운전할 필요가 없을 때에 한하여 시행한다.

예제 **지도식은 철도사고등의 수습 또는 선로보수공사 등으로 현장과 [ ] 또는 신호소 간을 [ ]으로 하여 열차를 운전하는 경우에 [ ]를 운전할 필요가 [ ] 한하여 시행한다.**

정답 가장 가까운 정거장, 1폐색구간, 후속열차, 없을 때에

[제63조 지도식의 시행]

지도식 (단선)은 철도사고 등의 수습 또는 선로보수공사 등으로 현장과 가장 가까운 정거장 또는 신호소간을 1폐색구간으로 하여 열차를 운전하는 경우에 후속열차를 운전할 필요가 없을 때에 한하여 시행한다.

뒤차가 따라올 필요(염려)가 없을 때
- 열차사고, 선로고장, 후속열차 운전 없음
- 단선 운전 시행 구간(현장, 정거장, 또는 신호소간)
- 운전허가증은 지도표: 1패색구간 1매
- 뒤에서 오는 차량없이 한 대만 사고현장에 가므로 지도권이 필요 없다.

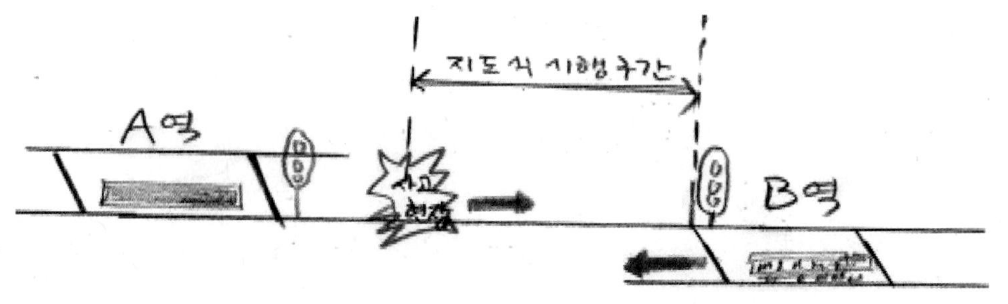

예제 철도사고등의 수습 등으로 현장과 가장 가까운 정거장을 1폐색구간으로 하며 후속열차를 운전할 필요가 없을 때 시행하는 대용폐색방식은?

가. 통신식 **나. 지도식**

다. 지도통신식 라. 전령법

해설 철도차량운전규칙 제63조(지도식의 시행): 지도식은 철도사고등의 수습 또는 선로보수공사 등으로 현장과 가장 가까운 정거장 또는 신호소간을 1폐색구간으로 하여 열차를 운전하는 경우에 후속열차를 운전할 필요가 없을 때에 한하여 시행한다.

[전령법]

- 전령법은 폐색준용법(閉塞準用式)의 하나이다.
- 응급적인 열차의 상용폐색 및 대용폐색을 사용할 수 없을 경우에 이에 준하여 열차의 안전을 도모하는 열차 운행 방법
- 전령법은 1명의 계원을 전령자로 지정하고, 이 사람이 사실상의 통표 역할을 하여 열차에 첨승해 운행하는 방식을 의미
- 전령자는 전령임을 나타내는 표식(완장 등)을 착용하여야 하며, 전령자가 탄 열차 이외에 해당 구간에는 열차를 운행할 수 없다.
- 또한, 전령법은 유일하게 특정 구간에 투입되었다가 되돌아 나오는 운행을 하는 경우에 쓰이는 방식

[전령법의 전령자]

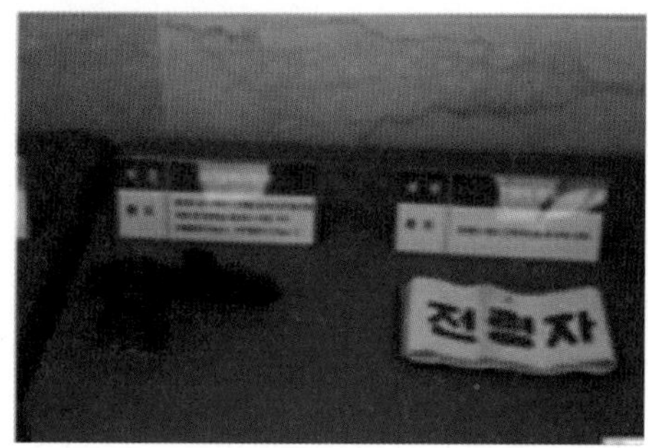

제64조(지도표의 발행)

① 지도식을 시행하는 구간에는 지도표를 발행하여야 한다.

② 지도표는 1폐색구간에 1매로 하며, 열차는 당해 구간의 지도표를 휴대하지 아니하면 그 구간을 운전할 수 없다.

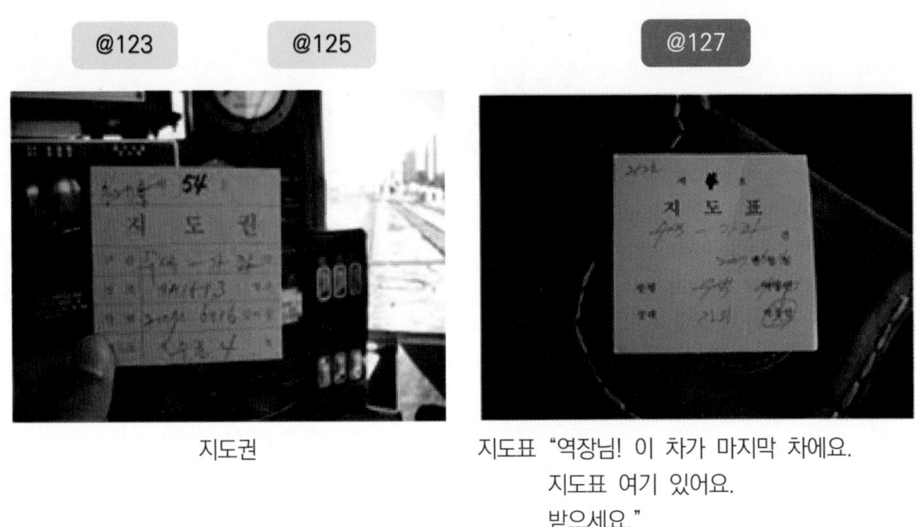

지도권

지도표 “역장님! 이 차가 마지막 차에요.
지도표 여기 있어요.
받으세요.”

예제 **다음 중 폐색에 관한 설명으로 틀린 것은?**

가. 지도권은 지도표를 가지고 있는 정거장 또는 신호소에서 서로 협의한 후 발행하여야 한다.

나. 지도식은 철도사고 등의 수습 등으로 현장과 최근 정거장 또는 신호소간을 1 폐색구간으로 하여 열차를 운전하는 경우에 사용한다.

다. 열차를 통신식 시행구간에 진입시키고자 하는 경우에는 관제사 또는 차량운전취급자 승인을 얻어야 한다.

라. 지도식을 시행할 때의 운전허가증은 지도표와 지도권이다.

해설 철도차량운전규칙 제64조(지도표의 발행) 제1항: 지도식을 시행하는 구간에는 지도표를 발행하여야 한다.

제3절 자동열차제어장치에 의한 방법

제65조(자동열차제어장치에 의한 방법)

열차 간의 간격을 자동으로 확보하는 자동열차제어장치는 운행하는 열차와 동일 진로상의 다른 열차와의 간격 및 선로 등의 조건에 따라 자동적으로 당해 열차를 감속시키거나 정지시킬 수 있는 것이어야 한다.

예제 **열차 간의 [ ]을 [ ]으로 확보하는 자동열차제어장치는 운행하는 열차와 동일 진로상의 다른 열차와의 [ ] 및 [ ] 등의 조건에 따라 [ ]으로 당해 열차를 [ ]시키거나 [ ]시킬 수 있는 것이어야 한다.**

정답 간격, 자동, 간격, 선로, 자동적, 감속, 정지

예제 **다음 보기의 괄호 안에 들어갈 말로 알맞은 것은?**

'열차간의 간격을 자동으로 확보하는 ( )는 운행하는 열차와 동일 진로상의 다른 열차와의 간격 및 선로 등의 조건에 따라 자동적으로 당해 열차를 감속시키거나 정지시킬 수 있는 것이어야 한다.'

가. 자동열차방호장치
나. 자동열차운전장치
다. 자동열차장치
라. 자동열차제어장치

해설 철도차량운전규칙 제65조(자동열차제어장치에 의한 방법): 자동열차제어장치에 대한 설명이다.

예제 **다음 중 자동열차제어장치에 관한 설명으로 틀린 것은?**

가. 열차간의 간격을 자동으로 확보하는 자동열차제어장치는 운행하는 열차와 동일 진로상의 다른 열차와의 간격 및 선로 등의 조건에 따라 자동적으로 당해 열차를 가속시키거나 출발시킬 수 있는 것이어야 한다.

나. 지상제어식 자동열차제어장치의 지상설비는 열차에 대하여 당해 열차의 진로상에 있는 선행열차와의 간격 또는 선로 등의 조건에 따라 운전속도를 지시하는 제어정보를 연속하여 전송하여야 한다.

다. 자동열차제어장치는 '지상제어식 자동열차제어장치' 및 '1단 제동제어식 자동열차제어장치' 그리고 '차상제어식 자동열차제어장치'로 구분한다.

라. 1단 제동제어식 자동열차제어장치의 지상설비는 선로의 굴곡, 선로전환기 등 선로의 조건에 따라 운전속도를 지시하는 제어정보를 전송하여 열차의 운전속도를 자동적으로 1단으로 감속할 수 있어야 한다.

해설 철도차량운전규칙 제65조(자동열차제어장치에 의한 방법) 열차간의 간격을 자동으로 확보하는 자동열차제어장치는 운행하는 열차와 동일 진로상의 다른 열차와의 간격 및 선로 등의 조건에 따라 자동적으로 당해 열차를 감속시키거나 정지시킬 수 있는 것이어야 한다.

제66조(자동열차제어장치의 구분)

자동열차제어장치는 다음 각 호와 같이 구분한다.

1. 지상제어식 자동열차제어장치
2. 1단 제동제어식(Uni–Breaking) 자동열차제어장치
3. 차상제어식 자동열차제어장치

[제3절 자동열차제어장치에 의한 방법]

제65조 자동열차제어장치에 의한 방법
열차 간의 간격을 자동으로 확보하는 자동열차제어장치는 운행하는 열차와 동일 진로상의 다른 열차와의 간격 및 선로 등의 조건에 따라 자동적으로 당해 열차를 감속시키거나 정지시킬 수 있는 것이어야 한다.
※ 진행시킨다는 내용은 없다.

제66조 자동열차제어장치의 구분
자동열차제어장치는 다음 각 호와 같이 구분한다.
1. 지상제어식 자동열차제어장치(지상에서 제어한다.)
2. 1단 제동제어식(Uni-Breaking) 자동열차제어장치(지상제어지만 한 번에 제어할 수 있도록) 기술진전
3. 차상제어식 자동열차제어장치(자동)

예제 다음 중 자동열차제어장치의 구분으로 맞지 않은 것은?

가. 지상제어식 자동열차제어장치
나. 집중제어식 자동열차제어장치
다. 차상제어식 자동열차제어장치
라. 1단 제동제어식 자동열차제어장치

해설 철도차량운전규칙 제66조(자동열차제어장치의 구분) 자동열차제어장치는 다음과 같다.
1. 지상제어식 자동열차제어장치
2. 1단 제동제어식(Uni-Breaking) 자동열차제어장치
3. 차상제어식 자동열차제어장치

제67조(지상제어식(ATS) 자동열차제어장치의 구비조건)

지상제어식 자동열차제어장치의 지상설비는 열차에 대하여 당해 열차의 진로상에 있는 선행열차와의 간격 또는 선로 등의 조건에 따라 운전속도를 지시하는 제어정보를 연속하여 전송하여야 한다.

예제 **지상제어식 자동열차제어장치의 [ ]는 열차에 대하여 당해 열차의 진로상에 있는 [ ] 또는 [ ]에 따라 [ ]를 지시하는 제어정보를 연속하여 전송하여야 한다**

정답 지상설비, 선행열차와의 간격, 선로 등의 조건, 운전속도

제68조(1단 제동제어식 자동열차제어장치의 구비조건)

① 1단 제동 제어식 자동열차제어장치의 지상설비는 선로 굴곡, 선로전환기 등 선로의 조건에 따라 운전속도를 지시하는 제어정보를 전송하여 열차의 운전속도를 자동적으로 1단으로 감속할 수 있어야 한다.

② 1단 제동제어식 자동열차제어장치의 차상(車上)설비는 다음 각 호의 기준에 적합하여야 한다.

1. 제1항의 규정에 의한 제어정보에 따라서 열차의 운전속도와 제어정보를 실시간으로 나타낼 수 있을 것
2. 선로의 굴곡, 선로전환기 등 선로의 조건에 따라 제어정보가 지시하는 열차의 속도로 자동적으로 1단으로 감속시킬 것
3. 제어정보에 따라 자동적으로 제동장치를 작동하여 정지목표에 열차를 1단으로 정지시킬 수 있을 것

[제67조 지상제어식 (ATS) 자동열차제어장치의 구비조건]

지상제어식 자동열차제어장치의 지상설비는 열차에 대하여 당해 열차의 진로상에 있는 선행열차와의 간격 또는 선로 등의 조건에 따라 운전속도를 지시하는 제어정보를 연속 하여 전송하여야 한다.
(시속 50km, 40km 등으로 가시오! 연속적으로 제공해 준다.)

[제68조 1단 제동제어식 자동열차제어장치의 구비조건]

① 1단 제동 제어식 자동열차제어장치의 지상 설비(선로)는 선로 굴곡, 선로전환기 등 선로의 조건에 따라 운전속도를 지시하는 제어 정보를 전송하여 열차의 운전속도를 자동적으로 1단으로 감속할 수 있어야 한다.

② 1단 제동제어식 자동열차제어장치의 차상(上) 설비(차 안의 설비)는 다음 각 호의 기준에 적합하여야 한다.

1. 제1항의 규정에 의한 제어정보에 따라서 열차의 운전속도와 제어정보를 실시간으로 나타낼 수 있을 것
2. 선로의 굴곡, 선로전환기 등 선로의 조건에 따라 제어정보가 지시하는 열차의 속도로 자동적으로 1단으로 감속시킬 것
3. 제어정보에 따라 자동적으로 제동장치를 작동하여 정지 목표에 열차를 1단으로 정지시킬 수 있을 것

※ 제동장치: 공기, 전기 등을 이용하여 열차 또는 차량을 정지시키기 위한 장치

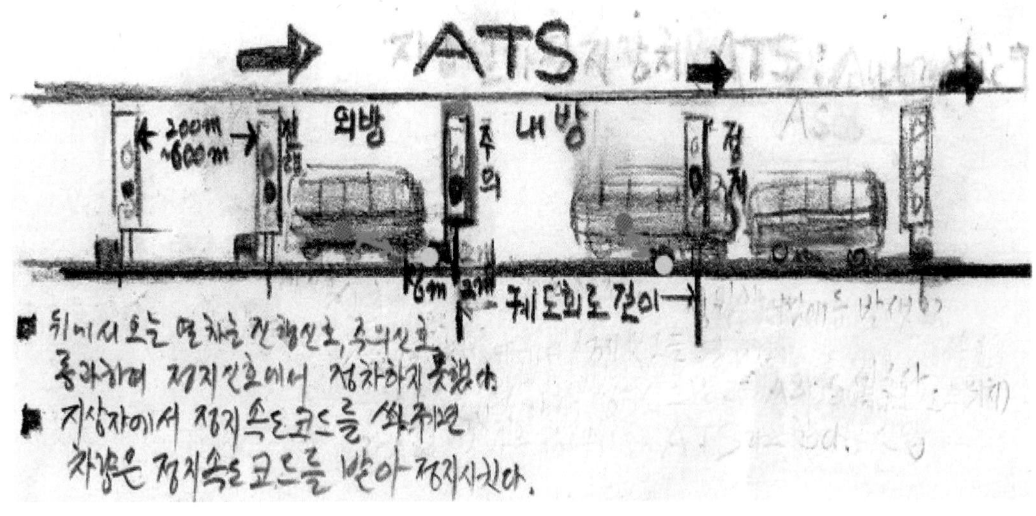

예제 1단 제동제어식 자동열차제어장치의 차상설비 조건으로 틀린 것은?

가. 열차 스스로 선로상의 위치를 인식하는 것일 것

나. 제어정보가 지시하는 열차의 속도로 자동적으로 1단으로 감속할 것

다. 제동장치 작동으로 정지 목표에 1단으로 정지시킬 수 있을 것

라. 열차의 운전속도와 제어정보를 실시간으로 나타낼 것

해설 철도차량운전규칙 제68조(1단 제동제어식 자동열차제어장치의 구비조건) 제1항: '열차 스스로 선로상의 위치를 인식하는 것일 것'은 1단 제동제어식 자동열차제어장치의 차상설비 조건이 아니다.

예제 다음 중 1단 제동제어식 자동열차제어장치의 구비조건에 관한 내용으로 틀린 것은?

가. 제어정보에 따라서 열차의 운전속도와 제어정보를 실시간으로 나타낼 수 있을 것

나. 제어정보에 따라 자동적으로 제동장치를 작동하여 정지목표에 열차를 1단으로 정지시킬 수 있을 것

다. 열차에 대하여 당해 열차를 진입시킬 수 있는 구간의 정지목표를 나타내는 제어정보를 연속하여 전송할 것

라. 선로의 굴곡, 선로전환기 등 선로의 조건에 따라 제어정보가 지시하는 열차의 속도로 자동적으로 1단으로 감속시킬 것

해설 철도차량운전규칙 제68조(1단 제동제어식 자동열차제어장치의 구비조건) 제2항: '열차에 대하여 당해 열차를 진입시킬 수 있는 구간의 정지목표를 나타내는 제어정보를 연속하여 전송할 것'은 1단 제동제어식 자동열차제어장치의 구비조건에 해당이 안 된다.

제69조(차상제어식 자동열차제어장치(ATC)의 구비조건)

① 차상제어식 자동열차제어장치의 지상설비는 다음 각 호의 기준에 적합하여야 한다.

1. 열차에 대하여 당해 열차를 진입시킬 수 있는 구간의 종점(정지목표)을 나타내는 제어정보를 연속하여 전송할 것

예제 [ ] 자동열차제어장치의 [ ]는 당해 열차를 진입시킬 수 있는 구간의 [ ]을 나타내는 제어정보를 연속하여 전송할 것

정답 차상제어식, 지상설비, 종점(정지목표)

2. 당해 열차의 진로상에 있는 구간 중 선행열차 등이 점유하고 있어 당해 열차의 진로가 개통되지 아니하는 경우 그 정보를 전송할 것

② 차상제어식 자동열차제어장치의 차상설비는 다음 각 호의 기준에 적합하여야 한다.

1. 지상설비의 제어정보와 열차의 속도를 실시간으로 나타내 줄 것
2. 열차의 제어정보가 지시하는 운전속도로 자동으로 제동장치를 작용시켜 열차의 속도를 감속시킬 것. 다만, 지상설비의 제어정보가 열차의 정지를 지시하는 경우에는 지정위치에 열차가 정지할 수 있도록 제동장치를 작동시킬 것

예제 **차상제어식 자동열차제어장치의 구비조건 중 지상설비의 적합 기준으로 맞는 것은?**

가. 선로의 굴곡, 선로전환기 등 선로의 조건에 따라 제어정보가 지시하는 열차의 속도로 자동적으로 1단으로 감속시킬 수 있을 것

나. 열차의 제어정보가 지시하는 운전속도로 자동으로 제동장치를 작용시켜 열차의 속도를 감속시킬 수 있을 것

다. 열차에 대하여 당해열차를 진입시킬 수 있는 구간의 정지목표를 나타내는 제어정보를 연속하여 전송할 것

라. 제어정보에 따라 자동적으로 제동장치를 작동하여 정지목표에 열차를 정지시킬 수 있을 것

해설 철도차량운전규칙 제69조(차상제어식 자동열차제어장치의 구비조건): 열차에 대하여 당해 열차를 진입시킬 수 있는 구간의 종점(정지목표)을 나타내는 제어정보를 연속하여 전송할 것

③ 제1항의 규정에 의한 제어정보를 나타내는 구간의 길이는 제어정보가 지시하는 운전속도에 따라서 열차가 감속하거나 정지할 수 있는 거리 이상으로 하며, 다음 각 호의 기능을 갖추어야 한다.

[차상제어식 자동열차제어장치의 지상설비가 갖추어야 할 기능]

1. 선행 열차와의 간격에 따라서 자동적으로 열차의 속도를 감속시키거나 열차를 정지시킬 수 있을 것
2. 제1호의 규정에 의하여 발생된 제어정보에 따라 운전속도와 당해 열차의 실제속도를 실시간으로 나타내 줄 것
3. 선로의 굴곡·선로전환기 등 선로의 조건에 따라 운전속도가 제한되는 구간의 시점까지 당해 구간의 제어정보가 지시하는 운전속도로 열차의 속도를 자동적으로 감속

시킬 것

4. 정지목표까지 제동장치를 자동으로 작용시켜 확실히 정지할 수 있을 것
5. 열차 스스로 선로상의 위치를 인식하는 것일 것

예제 **다음 중 차상제어식 자동열차제어장치에 관한 설명으로 틀린 것은?**

가. 열차 스스로 선로상의 위치를 인식하는 것일 것

나. 정지목표까지 제동장치를 자동으로 작용시켜 확실히 정지할 수 있을 것

다. 선행열차와의 간격에 따라서 자동적으로 열차의 속도를 감속시키거나 열차를 정지시킬 수 있을 것

라. 선로의 굴곡·선로전환기 등 선로의 조건에 따라 운전속도가 제한되는 구간의 종점까지 당해 구간의 제어정보가 지시하는 운전속도로 열차의 속도를 자동적으로 감속시킬 것

해설 철도차량운전규칙 제69조(차상제어식 자동열차제어장치의 구비조건) 제3항: 선로의 굴곡·선로전환기 등 선로의 조건에 따라 운전속도가 제한되는 구간의 시점까지 당해 구간의 제어정보가 지시하는 운전속도로 열차의 속도를 자동적으로 감속시킬 것

[ATC란 무엇인가?]

- 열차가 열차속도를 제한하는 구역에서 그 이상으로 운행하게 되면 자동적으로 속도를 제어, 제한하여 속도 이하로 운행하게 하는 장치
- 차내신호방식, 연속제어방식
- ATS가 정지신호 오인 방지가 주목적인 데 반하여 ATC는 속도제어를 통한 열차안전운행 유도를 목적으로 이용하고 있음
- ATC는 신호현시에 따라 그 구간의 제한속도 지시를 연속적으로 열차에 주어 열차속도가 제한속도를 넘으면 자동적으로 제동이 걸리고 제한속도 이하로 되면 자동적으로 제동이 풀리는 기술임

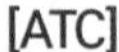

[ATC]

(1) 차내 신호방식을 사용
(2) 선행열차의 위치를 파악하여 후속열차에 안전한 운행속도와 정지 신호등을 지시하여 충돌과 추돌방지

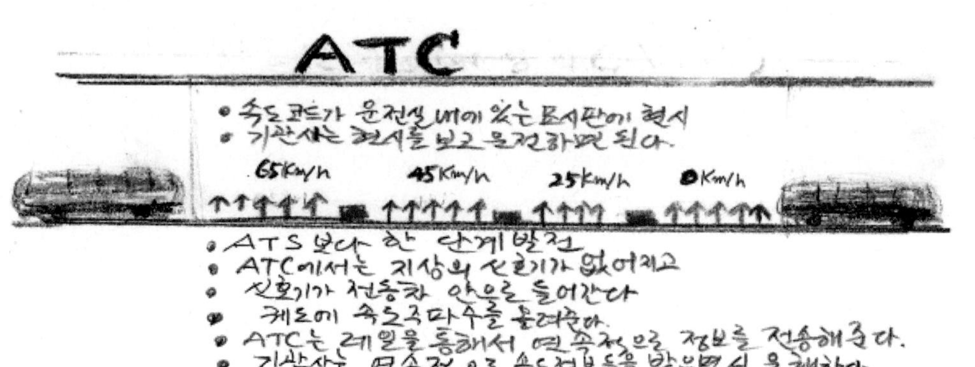

ATC
• 속도코드가 운전실 내에 있는 표시판에 현시
• 기관사는 현시를 보고 운전하면 된다.
65Km/h
45Km/h
25Km/h
0Km/h
• ATS보다 한 단계 발전
• ATC에서는 지상의 신호기가 없어지고
• 신호기가 전동차 안으로 들어간다
• 궤도에 속도주파수를 올려준다.
• ATC는 레일을 통해서 연속적으로 정보를 전송해준다.
• 기관사는 연속적으로 속도정보등을 받으면서 운행한다.

○ ATC 시스템

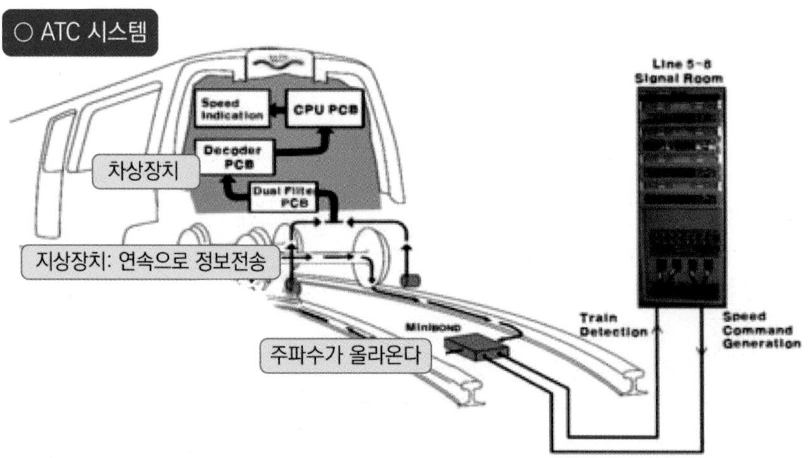

▲ 서울도시철도 - 내 신호기로 이루어지는 AIC 개념도
Data Transmission and Decoding process

[ATO(Automatic Train Operation) 열차자동운전장치]

(1) ATO란? (ATC Family) (1) ATO는 ATC을 기반으로 하는 기능이지 만, ATO는 ATC보다 좀 더 폭넓은 부분까지 자동화되어 있는 신호시스템이다.

(2) TWC(Train Wayside Communication)에서 열차의 운전조건을 차상으로 전송한다.

(3) 자동속도 제어 기능, 역간 자동주행기능, 출입문 제어 기능, 자동출발 기능, 정위치 정차기능 등을 컴퓨터에 의해 자동화하여

→ 열차운행의 효율증대 및 에너지 절감, 승차감 개선으로 서비스 향상에 기여한다.

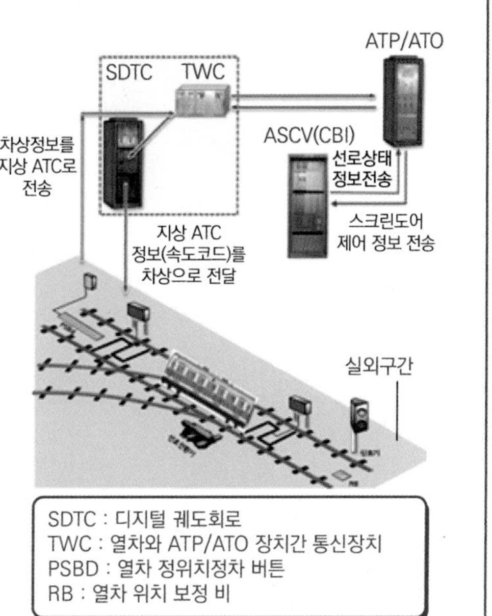

[ATO]

제어정보를 나타내는 구간의 길이는 제어정보가 지시하는 운전속도에 따라서 열차가 감속하거나 정지할 수 있는 거리 이상으로 하며, 다음 각 호의 기능을 갖추어야 한다.

1. 선행 열차와의 간격에 따라서 자동적으로 열차의 속도를 감속시키거나 열차를 정지시킬 수 있을 것
2. 발생된 제어정보에 따라 운전속도와 당해 열차의 실제속도를 실시간으로 나타내 줄 것
3. 선로의 굴곡 · 선로전환기 등 선로의 조건에 따라 운전속도가 제한되는 구간의 시점까지 당해 구간의 제어정보가 지시하는 운전속도로 열차의 속도를 자동적으로 감속시킬 것
4. 정지 목표까지 제동장치를 자동으로 작용시켜 확실히 정지할 수 있을 것
5. 열차 스스로 선로상의 위치를 인식하는 것일 것

[PSM에 의한 정위치 정지제어]

- 역과 역 사이에 설치된 4개의 PSM(precision speed marker: 정위치 정차마커)을 지나며 정확하게 승강강에 정차 (ATO는 차륜경(바퀴둘레)의 회전수로서 몇 미터 이동하여 현재 위치에 있는지 알고는 있지만 차륜 경이 항상 일정하지는 않다.) 만약 선로의 특정지점이 미끄러워서 한번 차륜이 회전했다면 (SLIP 발생) 현재 위치에 오류가 발생할 수 있게 된다. 현재 위치의 오류가능성을 피하기 위해 PSM을 통해 재보정해 주어야 한다. 4개의 PSM을 따라 승강장에 정확하게 정차하게 된다.
- 열차정차 정보를 수신 후 출입문 열림 명령을 지시("아! A역에 정위치 정차를 했으니까 출입문 열림 명령을 지시를 해야 하겠구나!")
- 승객하차 후 출입문 열림 명령을 소거하고 속도 명령을 지시(다음 역으로 출발!!)

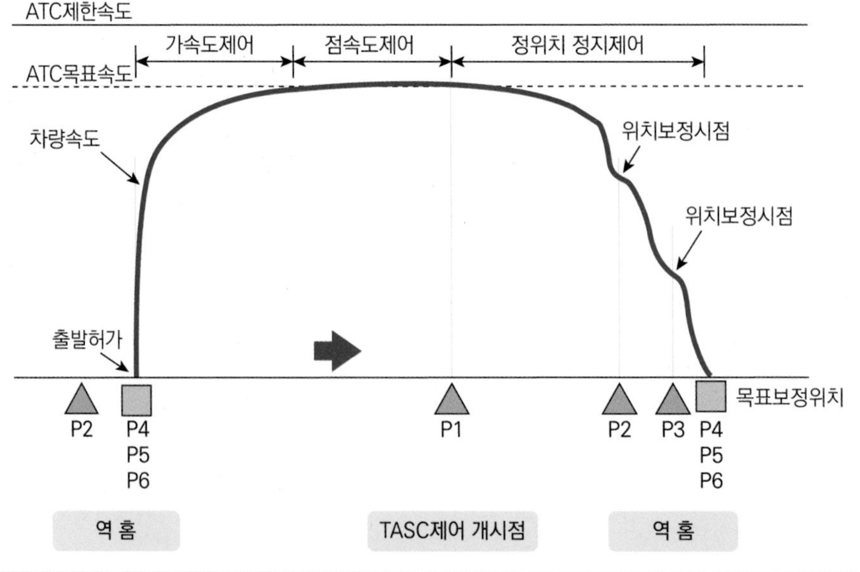

[자동열차운전장치(ATO)]

ATO의 자동속도제어 및 자동주행기능의 효과

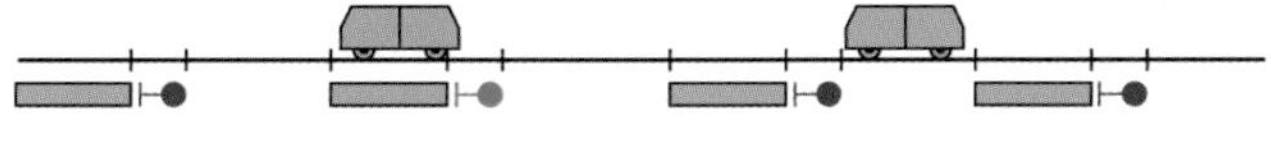

ATS 장치에 의한 운전

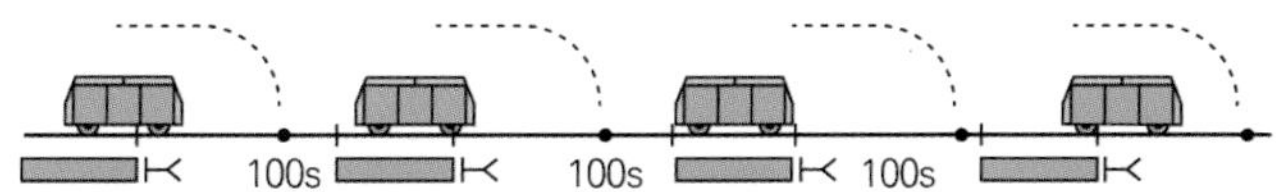

ATO 장치에 의한 운전

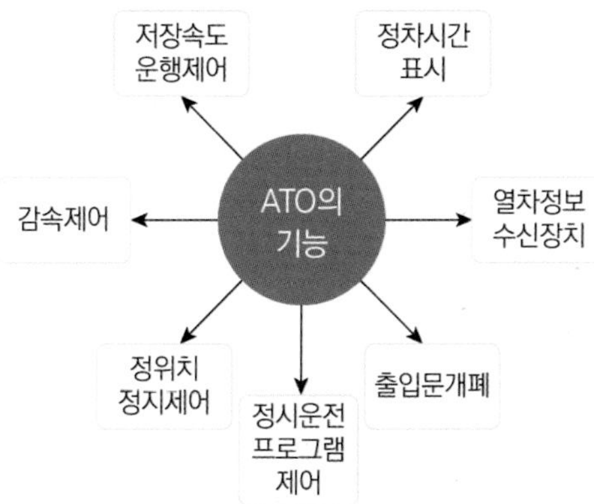

[구원열차]

[ATS, ATC, ATP, ATO의 특징과 설치구간]

구분	ATS(Automatic Train Stop)	ATC(Automatic Train Control)	ATP(Automatic Train Protection)	ATO(Automatic Train Operation)
용어설명	열차가 지상신호기의 지시속도를 초과 또는 무시하고 운행할 경우 자동으로 장치 또는 수동으로 감속하는 장치	자동열차제어하는 총칭으로 ATP, ATO, TTC 장치를 포함한다. 궤도에서 열차의 운전 조건을 연속적으로 차상으로 열차속도를 제어하는 장치	열차의 안전운행을 목적으로 하는 장치로서 열차의 차상장치가 주체가 되는 폐색장치이다.	열차를 자동으로 운전하여 목적지에 도착하는 장치 자동 및 무인운전이 가능한 방식으로 차량 견인, 제동, 출입문 개폐, 객실 방송의 시스템에 의한 자동 제어
설치구간	국철 전선구(100%)	과천, 분단, 일산선, 경부고속철도 신선, 서울교통공사 3,4호선		도시철도공사 광역시 지하철

[제동곡선의 비교]

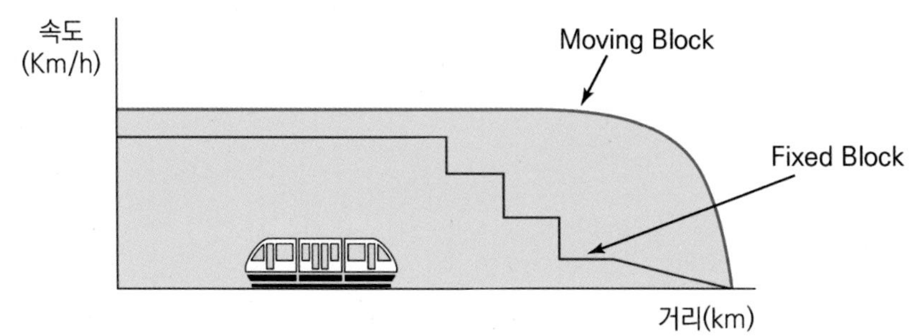

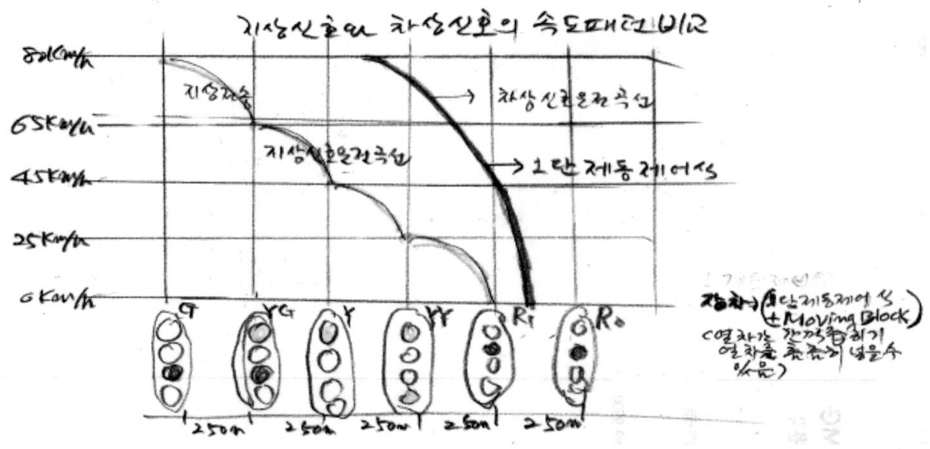

[자동열차방호장치 ATP(Automatic Train Protection)]

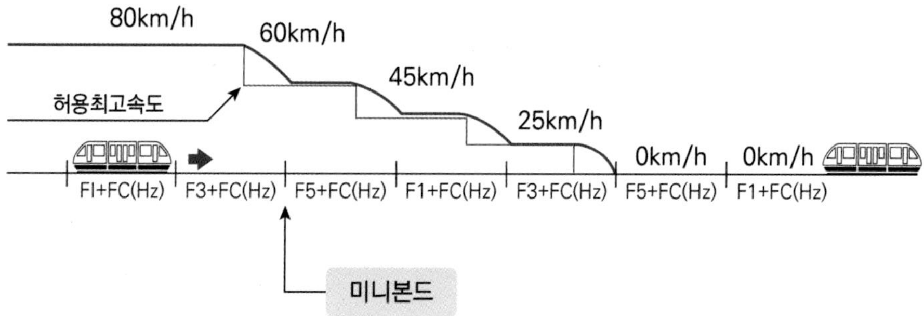

제4절 시계운전에 의한 방법

제70조(시계운전에 의한 방법)

① 시계운전에 의한 방법은 신호기 또는 통신장치의 고장 등으로 제50조 제1호 및 제2호 외의 방법으로 열차를 운전할 필요가 있는 경우에 한하여 시행하여야 한다.

예제 **시계운전에 의한 방법은 [ ] 또는 [ ]의 고장 등으로 상용폐색 및 대용폐색 외의 방법으로 열차를 운전할 필요가 있는 경우에 한하여 시행하여야 한다.**

정답 신호기, 통신장치

② 철도차량의 운전속도는 전방 가시거리 범위 내에서 열차를 정지시킬 수 있는 속도 이하로 운전하여야 한다.

예제 **철도차량의 운전속도는 전방 [ ] 범위 내에서 열차를 [ ]시킬 수 있는 속도 이하로 운전하여야 한다.**

정답 가시거리, 정지

③ 동일 방향으로 운전하는 열차는 선행 열차와 충분한 간격을 두고 운전하여야 한다.

예제 **동일 방향으로 운전하는 열차는 [ ]와 충분한 [ ]을 두고 운전하여야 한다.**

정답 선행 열차, 간격

[제4절 시계운전에 의한 방법]

제70조(시계운전에 의한 방법)

① 시계운전에 의한 방법은 신호기 또는 통신장치의 고장(45km/h 속도로 운전)) 등으로 제50조 제1호(상용패색) 및 제2호(대용패색) 외의 방법으로(상용패색, 대용패색 못쓸 때) 열차를 운전할 필요가 있는 경우에 한하여 시행하여야 한다.

② 철도차량의 운전속도는 전방 가시거리 범위 내에서 열차를 정지시킬 수 있는 속도 이하로(25km/h) 운전하여야 한다.

③ 동일 방향으로 운전하는 열차는 선행 열차와 충분한 간격을 두고 운전하여야 한다.

※ 시계운전: 선로상태를 직접 확인하면서 가시거리 내에 정지시킬 수 있는 속도를 운전

※ 가시거리: 눈으로 볼 수 있는 목표까지의 수평거리

예제 **다음 중 상용폐색방식 및 대용폐색방식을 사용할 수 없을 때 열차운전 시행방법으로 맞는 것은?**

가. 통표폐색식에 의한 방법

나. 연동폐색식에 의한 방법

다. 시계운전에 의한 방법

라. 지도통신식에 의한 방법

해설 철도차량운전규칙 제70조(시계운전에 의한 방법) 제1항 시계운전에 의한 방법은 신호기 또는 통신장치의 고장 등으로 제50조 제1호 및 제2호 외의 방법으로 열차를 운전할 필요가 있는 경우에 한하여 시행하여야 한다.

예제 **다음 중 시계운전에 의한 열차운전방법에 관한 설명으로 틀린 것은?**

가. 열차를 폐색구간에 진입시키고자 할 때 상용폐색방식에 의할 수 없을 때는 시계운전에 의하여야 한다.

나. 신호기 또는 통신장치의 고장이 발생하였을 때 사용한다.

다. 전방 가시거리 범위에서 열차를 정지시킬 수 있는 속도 이하로 운전하여야 한다.

라. 동일방향으로 운전하는 열차는 선행열차와 충분한 간격을 두고 운전하여야 한다.

해설 철도차량운전규칙 제70조(시계운전에 의한 방법) 제1항: 상용폐색방식에 의할 수 없을 때는 우선 대용폐색방법을 써 보아야 한다. 상용폐색 및 대용폐색 모두를 적용할 수 없을 때 시계운전을 시도한다.

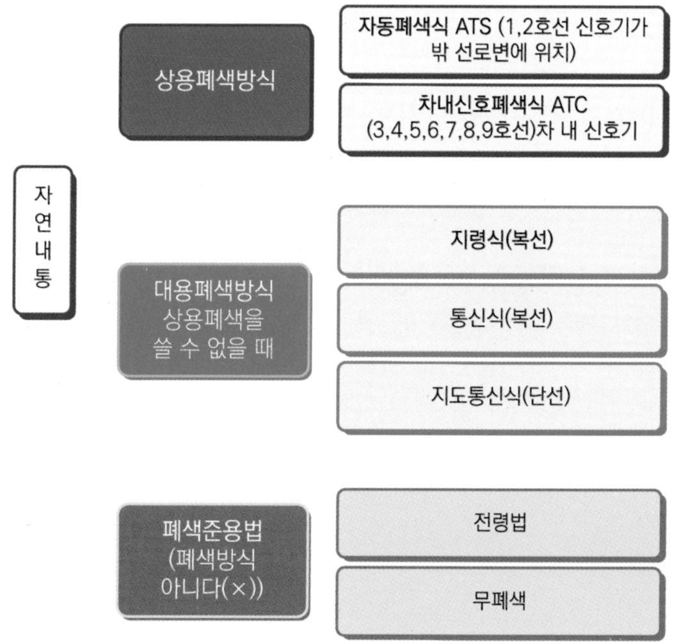

제71조(단선구간에서의 시계운전)

단선구간에서는 하나의 방향으로 열차를 운전하는 때에 반대방향의 열차를 운전시키지 아니하는 등 사고예방을 위한 안전조치를 하여야 한다.

제72조(시계운전에 의한 열차의 운전)

시계운전에 의한 열차운전은 다음 각 호의 어느 하나의 방법으로 시행하여야 한다. 다만, 협의용 단행기관차의 운행 등 철도운영자등이 특별히 따로 정한 경우에는 그러하지 아니하다.

1. 복선운전을 하는 경우 (복시전)

가. 격시법

나. 전령법

2. 단선운전을 하는 경우 (단도전)

가. 지도격시법

나. 전령법

[제71조 단선구간에서의 시계운전]

단선구간에서는 하나의 방향으로 열차를 운전하는 때에 반대방향의 열차를 운전시키지 아니하는 등 사고예방을 위한 안전조치를 하여야 한다.

[제72조 시계운전에 의한 열차의 운전]

시계운전에 의한 열차운전은 다음 각 호의 어느 하나의 방법으로 시행하여야 한다. 다만, 협의용 단행기관차의 운행 등 철도운영자 등이 특별히 따로 정한 경우에는 그러하지 아니하다.

1. 복선운전을 하는 경우
   가. 격시법
   나. 전령법
2. 단선운전을 하는 경우
   가. 지도격시법
   나. 전령법

- 단행기관차: 기관차 1량으로 구성
- 복선운전: 2개의 궤도로 구성된 선로형태의 선로를 운전하는 방식
- 단선운전: 1개의 궤도로 구성된 선로형태의 선로를 운전하는 방식
- 전령법: 구원열차 갈 때 사람이 타서 운행

시계 운전에 의한 열차운전법 3가지
1.격시법
2.지도격시법
3.전령법

1. 복선 운전을 하는 경우
가. 격시법 나. 전령법

2. 단선 운전을 하는 경우
가. 지도격시법 나. 전령법

[격시법(복선구간 폐색준용법)이란?]

- 일정한 시간 간격으로 열차를 취급하는 방식이며 평상시 폐색구간을 운전하는 데 필요한 시간보다 길어야 한다.
- 만일 선행열차가 도중에 정차할 경우에는 정차시간, 차량고장, 서행, 기후 불량 등으로 지연이 예상 될 때 그 시간을 가산하여야 한다.
- 복선구간에서 사용하는 폐색 준용법이다.

[지도격시법(단선구간 폐색준용법)이란?]

단선 구간에서 폐색 구간 한쪽의 정거장 역장이 적임자를 파견하여 상대역의 역장과 합의한 후 열차를 운행시키는 방식이다.

[격시법과 지도격시법]

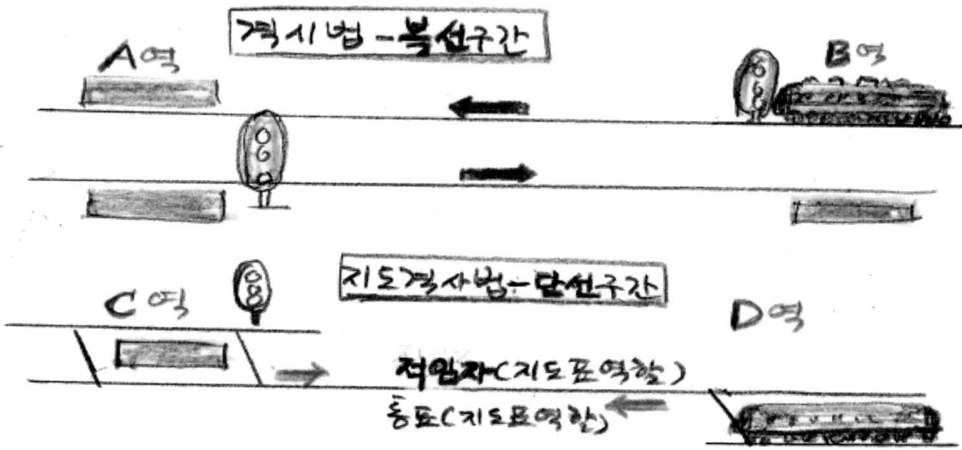

[폐색 준용법]

상용 또는 대용폐색 방식을 시행할 수 없을 경우에 이에 준하여 열차를 운전시키기 위해서 시행되는 방법

격시법(복선구간)

- 패색구간 한끝에 있는 정거장 운전책임자가 시행
- 일정한 시간 간격으로 열차를 취급하는 방식
- 평상시 폐색구간을 운전하는 데 필요한 시간보다 길어야 함
- 만일 선행열차가 도중에 정차할 경우에는 그 정차시간, 차량고장, 서행, 기후 불량 등으로 지연이 예상될 때 그 시간을 가산
- 복선구간에서 사용하는 폐색 준용법

지도격시법(단선구간)

단선 구간에서 폐색 구간 한 끝에 있는 정거장 역장이 적임자를 파견하여 상대역의 역장과 합의한 후 열차를 운행시키는 방식

전령법(단선 복선구간)

- 상용, 대용폐색방식을 적용할 수 없는 구간을 운전하는 열차에 전령자를 동승시켜 폐색에 준하는 폐색방식을 시행 해당 구간의 열차를 운행시키는 방식의 폐색법으로 전령법이라고 함
- 이때 열차에는 적색 완장을 착용한 전령자가 탑승(구원열차 갈 때 사람이 타서 운행)

예제 다음 중 시계운전에 의한 열차의 운전방법으로 맞지 않는 것은?

가. 격시법
나. 지도격시법
다. 전령법
라. 연동폐색식

해설 철도차량운전규칙 제72조(시계운전에 의한 열차의 운전): 연동폐색식은 시계운전에 의한 열차의 운전방법이 아니다.

예제 **철도차량운전규칙의 폐색방식 또는 폐색준용법을 사용할 수 있는 것으로 맞는 것은?**

가. 복선운전을 하는 경우 시계운전은 격시법과 전령법이 있다.
나. 단선운전을 하는 경우 시계운전은 통표폐색식과 지도격시법이 있다.
다. 상용폐색방식에는 자동폐색식과 지도식이 있다.
라. 대용폐색방식에는 통표폐색식과 통신식이 있다.

해설 철도차량운전규칙 제72조(시계운전에 의한 열차의 운전): 복선운전을 하는 경우 시계운전은 격시법과 전령법이 있다.

제73조(격시법 또는 지도격시법의 시행)

① 격시법 또는 지도격시법을 시행하는 경우에는 최초의 열차를 운전시키기 전에 폐색구간에 열차 또는 차량이 없음을 확인하여야 한다.

예제 **[ ] 또는 [ ]을 시행하는 경우에는 [ ]를 운전시키기 전에 폐색구간에 열차 또는 차량이 [ ] 확인하여야 한다.**

정답 격시법, 지도격시법, 최초의 열차, 없음을

② 격시법은 폐색구간의 한끝에 있는 정거장 또는 신호소의 차량운전취급책임자가 시행한다.

예제 **격시법은 폐색구간의 [ ] 정거장 또는 신호소의 [ ]가 시행한다.**

정답 한 끝에 있는, 차량운전취급책임자

③ 지도격시법은 폐색구간의 한끝에 있는 정거장 또는 신호소의 차량운전취급책임자가 적임자를 파견하여 상대의 정거장 또는 신호소 차량운전취급책임자와 협의한 후 이를 시행하여야 한다. 다만, 지도통신식 시행중의 구간에서 전화불통이 된 경우 지도표를 가지고 있는 정거장 또는 신호소에서 최초의 열차를 운행하는 때에는 그러하지 아니한다.

예제 **지도격시법은 폐색구간의 [ ] 있는 [ ]의 [ ]가 적임자를 파견하여 상대의 정거장 또는 신호소 [ ]와 협의한 후 이를 시행하여야 한다.**

정답 한끝에, 정거장 또는 신호소, 차량운전취급책임자, 차량운전취급책임자(역장)

예제 **다음 중 상용폐색방식 및 대용폐색방식으로 운전을 할 수 없을 때 폐색구간의 한 끝에 있는 정거장 또는 신호소의 차량운전 취급 책임자가 적임자를 파견하여 상대 정거장 또는 신호소 차량운전취급책임자와 협의한 후 시행하는 폐색방식으로 맞는 것은?**

가. 전령법
나. 지도식
다. 격시법
라. 지도격시법

해설 철도차량운전규칙 제73조(격시법 또는 지도격시법의 시행) 제3항: 지도격시법은 폐색구간의 한끝에 있는 정거장 또는 신호소의 차량운전취급책임자가 적임자를 파견하여 상대의 정거장 또는 신호소 차량운전취급책임자와 협의한 후 이를 시행하여야 한다.

예제 **다음 중 단선운전구간에서 대용폐색방식을 시행시 통신 불능상태일 때 시행하는 폐색방식은?**

가. 자동폐색식
나. 지도통신식
다. 지도격시법
라. 연동폐색식

해설 철도차량운전규칙 제73조(격시법 또는 지도격시법의 시행) 제3항: 지도격시법은 폐색구간의 한끝에 있는 정거장 또는 신호소의 차량운전취급책임자가 적임자를 파견하여 상대의 정거장 또는 신호소 차량운전취급책임자와 협의한 후 이를 시행하여야 한다.

제74조(전령법의 시행)

① 열차 또는 차량이 정차되어 있는 폐색구간에 다른 열차를 진입시킬 때에는 전령법에 의하여 운전하여야 한다.

예제 **열차 또는 차량이 [ ]되어 있는 [ ]에 [ ]를 진입시킬 때에는 [ ]에 의하여 운전하여야 한다**

정답 정차, 폐색구간, 다른 열차, 전령법

② 전령법은 그 폐색구간 양끝에 있는 정거장 또는 신호소의 차량운전취급책임자가 협의하여 이를 시행하여야 한다. 다만, 다음 각 호의 어느 하나에 해당하는 경우에는 그러하지 아니하다.

1. 선로고장 등으로 지도식을 시행하는 폐색구간에 전령법을 시행하는 경우
2. 제1호 외의 경우로서 전화불통으로 협의를 할 수 없는 경우

③ 제2항제2호에 해당하는 경우에는 당해 열차 또는 차량이 정차되어 있는 곳을 넘어서 열차 또는 차량을 운전할 수 없다.

예제 **전령법은 그 [ ]에 있는 정거장 또는 신호소의 [ ]가 [ ]하여 이를 시행하여야 한다.**

정답 폐색구간 양끝, 차량운전취급책임자, 협의

[전령법이란?]

- 전령법이란 더 이상 상용, 대용폐색방식을 적용할 수 없는 구간을 운전하는 열차에 전령자를 동승시켜 폐색에 준하는 폐색방식을 시행하여 해당 구간의 열차를 운행시키는 방식이다.
- 이때 열차에는 백색 완장을 착용한 전령자가 탑승한다.

[제74조 전령법의 시행]

① 열차 또는 차량이 정차되어 있는 폐색구간에 다른 열차를 진입시킬 때에는 전령법에 의하여 운전하여야 한다.
② 전령법은 그 폐색구간 양끝에(격시법 이외의 통신식, 지도통신식, 상용폐색식, 전령법, 지도식 등 모든 신호는 양끝) 있는 정거장 또는 신호소의 차량 운전취급책임자가 협의하여 이를 시행하여야 한다. 다만, 다음 각 호의 어느 하나에 해당하는 경우에는 그러하지 아니하다.
  1. 선로고장 등으로 지도식을 시행하는 폐색구간에 전령법을 시행하는 경우
  2. 기타의 경우로서 전화불통으로 협의를 할 수 없는 경우
③ 기타의 경우로서 전화불통으로 협의할 수 없는 경우에는 차량이 정차되어 있는 곳을 넘어서 열차 또는 차량을 운전할 수 없다.
※ 전령법: 앞에 고장열차가 있을 때 뒤에서 밀고가는 방법

제75조(전령자)

① 전령법을 시행하는 구간에는 전령자를 선정하여야 한다.
② 제1항의 규정에 의한 전령자는 1폐색구간 1인에 한한다.

예제 **전령자는 [ ]구간 [ ]에 한한다.**

정답 1폐색, 1인

③ 제1항의 규정에 의한 전령자는 흰 바탕에 붉은 글씨로 전령자임을 표시한 완장을 착용하여야 한다.

예제 **전령자는 [ ]에 [ ]로 전령자 임을 표시한 [ ]을 착용하여야 한다.**

정답 흰 바탕, 붉은 글씨, 완장

④ 전령법을 시행하는 구간에서는 당해구간의 전령자가 동승하지 아니하고는 열차를 운전할 수 없다.

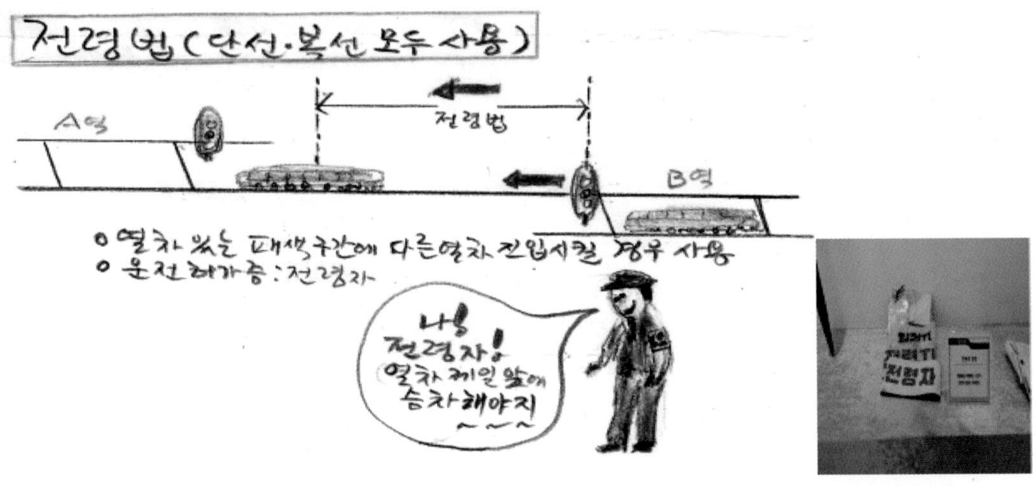

[제75조 전령자]

① 전령법을 시행하는 구간에는 전령자를 선정하여야 한다.

② 전령자는 1폐색구간(여기서 한 폐색은 정거장과 정거장 사이를 한 폐색으로 본다) 1인에 한한다(대용폐색 방식은 정거장과 정거장 사이가 폐색의 한 섹터이다).

③ 전령자는 흰 바탕에 붉은 글씨로 전령자임을 표시한 완장을 착용하여야 한다.

④ 전령법을 시행하는 구간에서는 당해 구간의 전령자가 동승하지 아니하고는 열차를 운전할 수 없다.

예제 다음 중 전령법에 관한 설명으로 틀린 것은?

가. 전령자는 열차 출발 전에 운전실에 승차한다.

나. 전령자는 1폐색구간 1인에 한하고 "전령자"라고 쓰여진 완장을 착용하여야 한다.

다. 차량이 정차되어 있는 폐색구간에 다른 열차를 진입시킬 때 시행하여야 한다.

라. 폐색구간 한쪽 끝에 있는 정거장의 차량운전취급책임자에 의하여 시행할 수 있다.

해설 철도차량운전규칙 제74조(전령법의 시행) 제2항: 전령법은 그 폐색구간 양끝에 있는 정거장 또는 신호소의 차량운전취급책임자가 협의하여 이를 시행하여야 한다.

예제 **다음 중 전령법을 시행하는 구간에서 전령자가 착용하여야 하는 복장으로 맞는 것은?**

가. 붉은 바탕에 검은 글씨로 전령자임을 표시한 모자
나. 흰 바탕에 붉은 글씨로 전령자임을 표시한 모자
다. 붉은 바탕에 파란 글씨로 전령자임을 표시한 완장
라. 흰 바탕에 붉은 글씨로 전령자임을 표시한 완장

해설 철도차량운전규칙 제75조(전령자) 제3항 제1항: 전령자는 흰 바탕에 붉은 글씨로 전령자임을 표시한 완장을 착용하여야 한다.

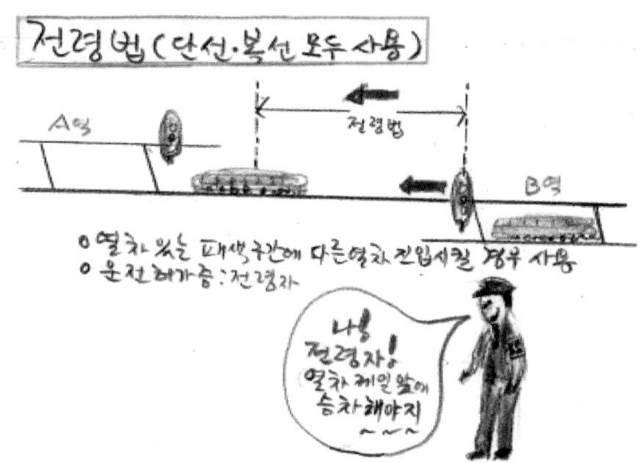

예제 **철도차량운전규칙에서 전령법에 대한 설명으로 틀린 것은?**

가. 전령법을 시행하는 구간에서는 당해구간의 전령자가 동승하지 아니하고는 열차를 운전할 수 없다. 다만, 관제사가 시행하는 경우에는 전령자를 동승시키지 아니할 수 있다.
나. 전령자는 흰 바탕에 붉은 글씨로 전령자임을 표시한 완장을 착용하여야 한다.
다. 열차 또는 차량이 정차되어 있는 폐색구간에 다른 열차를 진입시킬 때에는 전령법에 의하여 운전하여야 한다.
라. 전령법은 그 폐색구간 양끝에 있는 정거장 또는 신호소의 차량운전취급책임자가 협의하여 이를 시행하여야 한다.

해설 철도차량운전규칙 제75조(전령자): '관제사가 시행하는 경우에는 전령자를 동승시키지 아니할 수 있다.'는 옳지 않다.

제6장

철도신호

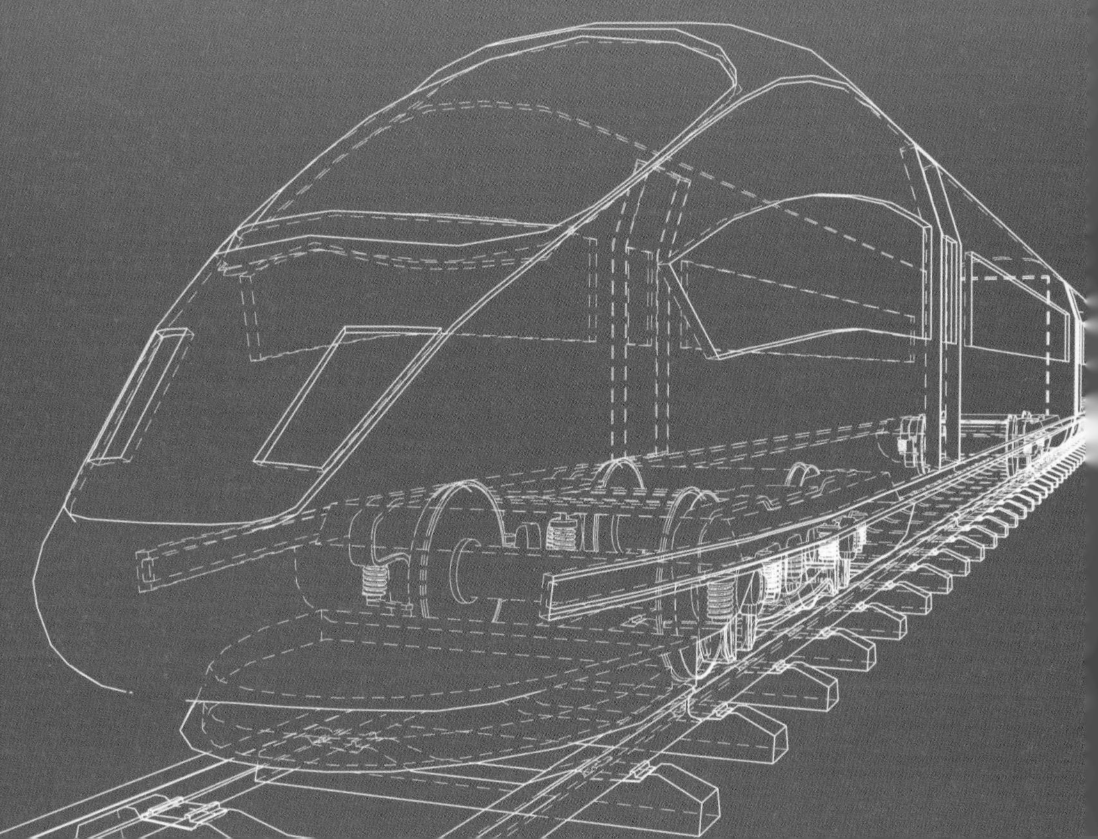

철도신호

제1절 총칙

제76조(철도신호)

철도의 신호는 다음 각 호와 같이 구분하여 시행한다.

1. **신호**는 모양·색 또는 소리 등으로 열차나 차량에 대하여 운행의 조건을 지시하는 것으로 할 것

예제 **신호는 [ ]·[ ]또는 [ ] 등으로 열차나 차량에 대하여 [ ]을 지시하는 것으로 할 것**

정답 모양, 색, 소리, 운행의 조건

2. **전호**는 모양·색 또는 소리 등으로 관계 직원 상호간에 의사를 표시하는 것으로 할 것

예제 **전호는 [ ]·[ ] 또는 [ ] 등으로 [ ]에 [ ]하는 것으로 할 것**

정답 모양, 색, 소리, 관계 직원 상호간, 의사를 표시

3. 표지는 모양 또는 색 등으로 물체의 위치·방향·조건 등을 표시하는 것으로 할 것

예제 **표지는 [ ] 또는 [ ] 등으로 물체의 [ ]·[ ]·[ ] 등을 표시하는 것으로 할 것**

정답 모양, 색, 위치, 방향, 조건

[신호, 전호, 표지]

"철도신호"라 함은 제76조의 규정에 의한 신호 · 전호 및 표지를 말한다.

- 신호: 모양, 색, 소리 등으로 열차나 차량에 대하여 운행조건을 지시하는 것
- 전호: 모양, 색, 소리 등으로 관계 직원 상호간의 의사를 표시하는 것
- 표지: 모양, 색 등으로 물체의 위치, 방향 조건 등을 표시하는 것

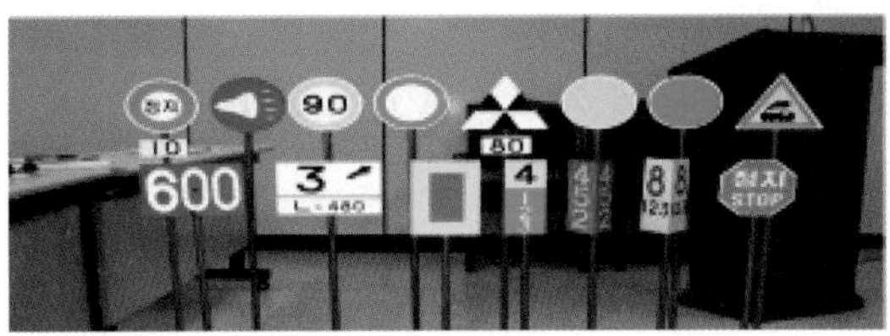

표지(기적울려라. 시속 90km로 가라)

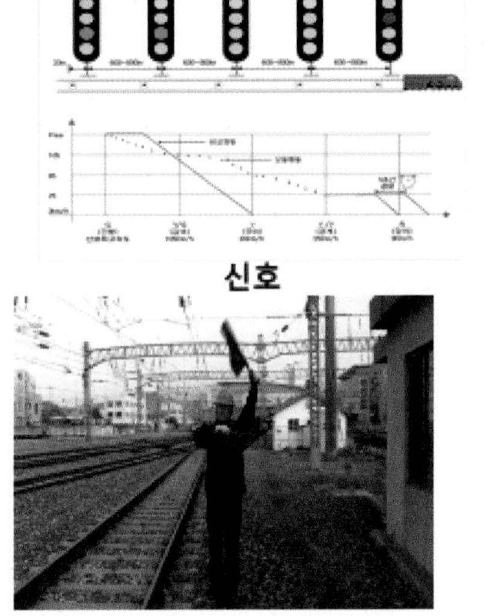

전호(전호기: 빨간 – 서라. 위아래 – 가거라. 왼쪽 – 오너라 등)

예제 **다음 중 모양·색 또는 소리 등으로 열차나 차량에 대하여 운행의 조건을 지시하는 것은?**

가. 신호
나. 전호
다. 표지
라. 표시등

해설 철도차량운전규칙 제76조(철도신호) 제1호 신호는 모양 · 색 또는 소리 등으로 열차나 차량에 대하여 운행의 조건을 지시하는 것으로 할 것

예제 다음 중 모양·색 또는 소리 등으로 관계직원 상호간에 의사를 표시하는 것은?

가. 신호　　　　나. 표지

다. 표시기　　　　**라. 전호**

해설 철도차량운전규칙 제76조(철도신호): 모양·색 또는 소리 등으로 관계직원 상호간에 의사를 표시하는 방식은 전호이다.

제77조(주간 또는 야간의 신호)

주간과 야간의 현시방식을 달리하는 신호 전호 및 표지는 일출부터 일몰까지는 주간의 방식, 일몰부터 일출까지는 야간의 방식에 의하여야 한다.

다만, 일출부터 일몰까지의 사이에도 기상상태에 의하여 상당한 거리로부터 주간의 방식에 의한 신호·전호 또는 표지를 확인하기 곤란할 때에는 야간의 방식에 의한다.

예제 일출부터 일몰까지의 사이에도 기상상태에 의하여 [　　　　]로부터 주간의 방식에 의한 [　　　]·[　　　] 또는 [　　　]를 확인하기 곤란할 때에는 [　　　　]에 의한다.

정답 상당한 거리, 신호, 전호, 표지, 야간의 방식

제78조(지하구간 및 터널 안의 신호)

지하구간 및 터널 안의 신호·전호 및 표지는 야간의 방식에 의하여야 한다. 다만, 길이가 짧아 빛이 통하는 지하구간 또는 조명시설이 설치된 터널 안 또는 지하 정거장 구내의 경우에는 그러하지 아니하다.

[제77조 주간 또는 야간의 신호]

주간과 야간의 현시방식을 달리하는 신호 – 전호 및 표지는 일출부터 일몰까지는 주간의 방식, 일몰부터 일출까지는 야간의 방식에 의하여야 한다.
다만, 일출부터 일몰까지의 사이에도 기상상태에 의하여 상당한 거리로부터 주간의 방식에 의한 신호 · 전호 또는 표지를 확인하기 곤란할 때에는 야간의 방식에 의한다.

[제78조 지하구간 및 터널 안의 신호]

지하구간 및 터널 안의 신호 · 전호 및 표지는 야간의 방 식에 의하여야 한다. 다만, 길이가 짧아 빛이 통하는 지하구간 또는 조명시설이 설치된 터널 안 또는 지하 정거장 구내의 경우에는 그러하지 아니하다.

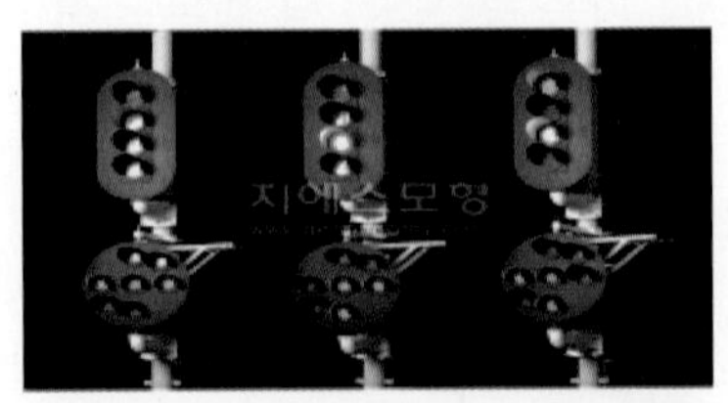

출발신호기, 진로표시기, 네이버 블로그

예제 **신호의 현시방식 중 주야 상관없이 야간의 방식만을 사용하는 경우는?**

가. 지하구간

나. 길이가 짧아 빛이 통하는 지하구간

다. 조명시설이 설치된 터널 안

라. 조명시설이 설치된 지하 정거장 구내

해설 철도차량운전규칙 제78조(지하구간 및 터널 안의 신호): 지하구간 및 터널 안의 신호 · 전호 및 표지는 야간의 방식에 의하여야 한다.

예제 **다음 중 신호에 관한 설명으로 틀린 것은?**

가. 신호 · 전호 · 표지는 일출부터 일몰까지는 주간방식 의한다.

나. 신호 · 전호 · 표지는 일몰부터 일출까지는 야간방식에 의한다.

다. 지하구간 및 지하 정거장 구내에서의 신호 · 전호 · 표지는 야간방식에 의한다.

라. 일출부터 일몰까지의 사이에도 기상상태에 의하여 상당한 거리로부터 주간의 방식에 의한 전호를 확인하기 곤란한 경우에는 야간방식에 의한다.

해설 철도차량운전규칙 제78조(지하구간 및 터널 안의 신호) 지하구간 및 터널 안의 신호 · 전호 및 표지는 야간의 방식에 의하여야 한다.

第79조(제한신호의 추정)

① 신호를 현시할 소정의 장소에 신호의 현시가 없거나 그 현시가 정확하지 아니할 때에는 정지신호의 현시가 있는 것으로 본다.

예제 **신호를 현시할 소정의 장소에 신호의 [ ]가 없거나 그 현시가 [ ]하지 아니할 때에는 [ ]의 현시가 있는 것으로 본다.**

정답 현시, 정확, 정지신호

예제 **다음 중 보기의 괄호 안에 들어갈 내용으로 맞는 것은?**

'신호를 현시할 소정의 장소에 신호의 현시가 없거나 그 현시가 정확하지 아니할 때에는 ( )의 현시가 있는 것으로 본다.'

가. 감속신호
나. 주의신호
다. 경계신호
라. 정지신호

해설 철도차량운전규칙 제79조(제한신호의 추정) 제1항 신호를 현시할 소정의 장소에 신호의 현시가 없거나 그 현시가 정확하지 아니할 때에는 정지신호의 현시가 있는 것으로 본다.

② 상치신호기 또는 임시신호기와 수신호가 각각 다른 신호를 현시한 때에는 그 운전을 최대로 제한하는 신호의 현시에 의하여야 한다. 다만, 사전에 통보가 있을 때에는 통보된 신호에 의한다.

예제 **상치신호기 또는 임시신호기와 수신호가 각각 [ ]를 현시한 때에는 그 운전을 [ ] 신호의 현시에 의하여야 한다.**

정답 다른 신호, 최대로 제한하는

예제 **다음 중 제한신호의 추정에 관한 설명으로 틀린 것은?**

가. 상치신호기와 수신호가 각각 다른 신호를 현시할 때에는 그 운전을 최대한 제한하는 신호의 현시에 의하여야 한다.

나. 신호를 현시할 소정의 장소에 신호의 현시가 없을 때에는 정지신호의 현시가 있는 것으로 본다.

다. 임시신호기와 수신호가 각각 다른 신호를 현시하고 사전에 통보가 있을 때에는 그 운전을 최대한 제한하는 신호의 현시에 의하여야 한다.

라. 신호를 현시할 소정의 장소에 신호의 현시가 정확하지 않을 때 정지신호의 현시가 있는 것으로 본다.

해설 철도차량운전규칙 제79조(제한신호의 추정) 제1항: 신호를 현시할 소정의 장소에 신호의 현시가 없거나 그 현시가 정확하지 아니할 때에는 정지신호의 현시가 있는 것으로 본다.

[제79조 제한신호의 추정]

① 신호를 현시할 소정의 장소에 신호의 현시가 없거나 그 현시가 정확하지 아니할 때에는 정지신호의 현시로 간주
② 상치신호기 또는 임시신호기와 수신호가 각각 다른 신호를 현시한 때에는 그 운전을 최대로 제한하는 신호의 현시에 의하여야 한다. 다만, 사전에 통보가 있을 때에는 통보된 신호에 의한다.

최대로 제한하는 신호 선택할 것!!!

[제80조 신호의 겸용 금지]

하나의 신호는 하나의 선로에서 하나의 목적으로 사용
다만, 진로 표시기(오른쪽, 왼쪽으로 가라!, 1번으로 가라, 2번으로 가라!)를 부설한 신호기는 예외
(즉, 같이 쓴다)

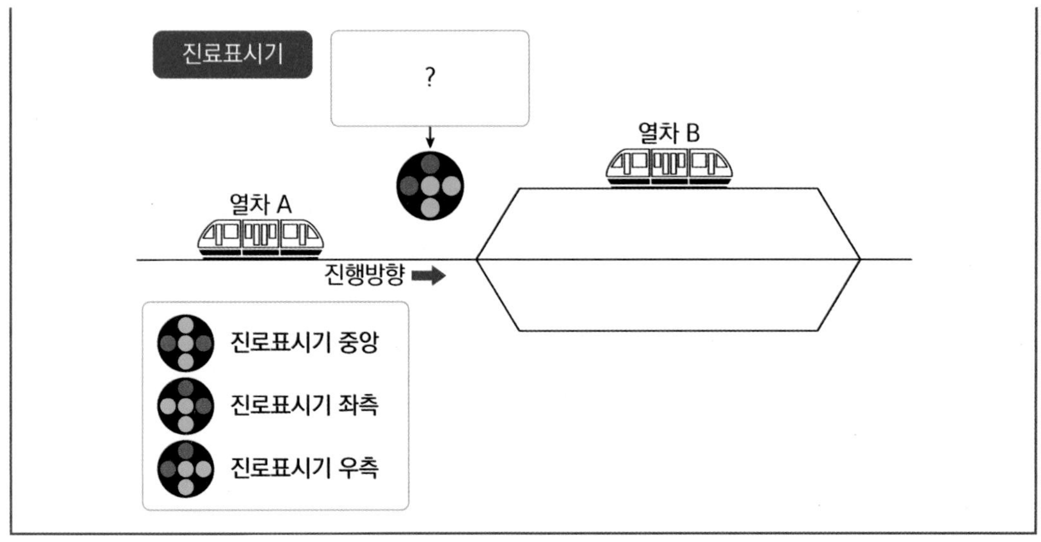

제80조(신호의 겸용금지)

하나의 신호는 하나의 선로에서 하나의 목적으로 사용되어야 한다. 다만, 진로표시기를 부설한 신호기는 그러하지 아니하다.

예제 **다음 중 하나의 신호는 하나의 선로에서 하나의 목적으로 사용되어야 하지만 예외로 사용할 수 있는 신호기로 맞는 것은?**

가. 진로개통표시기를 부설한 출발신호기
나. 진로개통표시기를 부설한 장내신호기
다. 진로표시기를 부설한 신호기
라. 중계신호기를 부설한 신호기

해설 철도차량운전규칙 제80조(신호의 겸용금지): 신호는 하나의 선로에서 하나의 목적으로 사용되어야 한다. 다만, 진로표시기(오른쪽으로 가라, 왼쪽으로 가라, 1번으로 가라, 2번으로 가라 등의 기능을 겸용한다(같이쓴다))를 부설한 신호기는 그러하지 아니하다.

제2절 상치신호기

제81조(상치신호기)

상치신호기는 일정한 장소에서 색등(色燈) 또는 등열(燈列)에 의하여 열차 또는 차량의 운전조건을 지시하는 신호기를 말한다.

예제 상치신호기는 [ ]에서 [ ] 또는 [ ]에 의하여 열차 또는 차량의 [ ]을 지시하는 신호기를 말한다.

정답 일정한 장소, 색등, 등열, 운전조건

[제81조 상치신호기]

상치신호기는 일정한 장소에서 색등(色) 또는 등열(班列)에 의하여 열차 또는 차량의 운전조건을 지시하는 신호기

※ 모든 신호는 옆으로(좌우)로 들어오면 정지

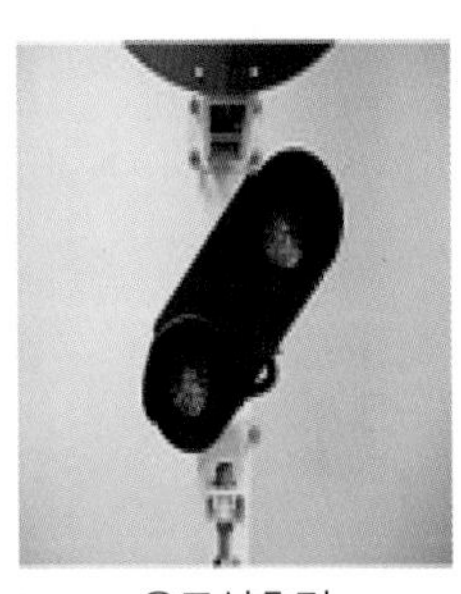

유도신호기
(유도할 때만 불이 들어온다)

등열식 입환신호기

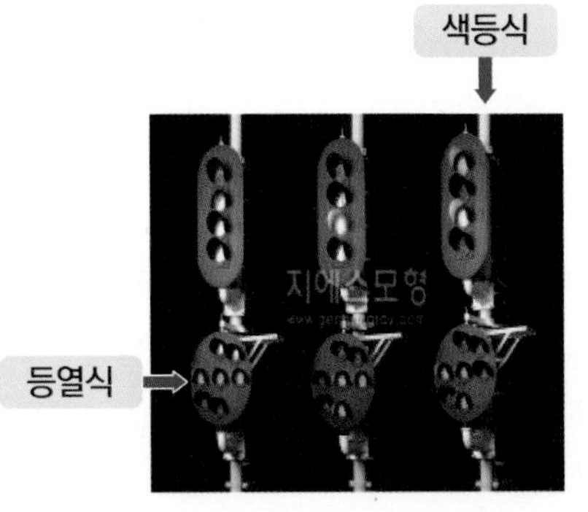

예제 다음 중 일정한 장소에서 색등 또는 등열에 의하여 열차 또는 차량의 운전조건을 지시하는 신호기로 맞는 것은?

가. 상치신호기 나. 차내신호기
다. 서행신호기 라. 임시신호기

해설 철도차량운전규칙 제81조(상치신호기): 상치신호기이다.

제82조(상치신호기의 종류)

상치신호기의 종류와 용도는 다음 각 호와 같다.

[신호]

운전조건을 제시해 주는 수단

신호기의 분류

1) 상치 신호기(늘 세워져 있는 신호기)(주종신)
   지상의 고정된 장소에 설치되어 신호를 현시하는 신호기로서 아래 3가지로 분류된다.
   ① 주신호기
   ② 종속신호기
   ③ 신호부속기
2) 임시신호기: 필요에 따라 임시적으로 설치하는 신호기

상치신호기

1. 주신호기(장출열폐유입)

가. **장내신호기:** 정거장에 진입하려는 열차에 대하여 신호를 현시하는 것

예제 **장내신호기는 [　　　]에 [　　　]하려는 열차에 대하여 신호를 현시하는 것**

정답 정거장, 진입

나. **출발신호기:** 정거장을 진출하려는 열차에 대하여 신호를 현시하는 것

예제 **출발신호기는 [　　　]을 [　　　]하려는 열차에 대하여 신호를 현시하는 것**

정답 정거장, 진출

주 신호기

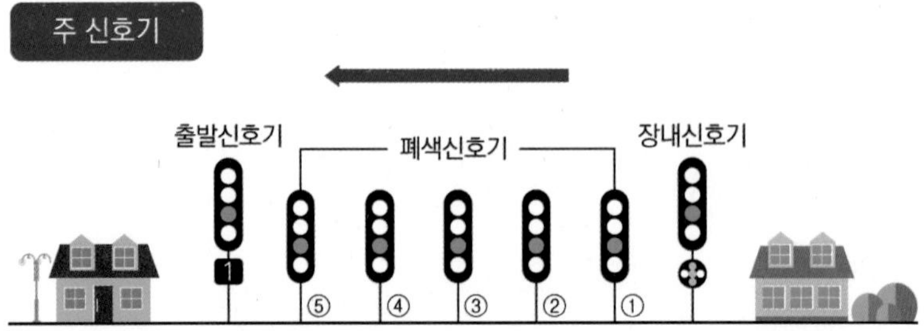

다. **폐색신호기:** 폐색구간에 진입하려는 열차에 대하여 신호를 현시하는 것

예제 **폐색신호는 [　　　　]에 [　　　]하려는 열차에 대하여 신호를 현시하는 것**

정답 폐색구간, 진입

[주신호기(Main Signal)](장출열폐유입)

일정한 방호구역을 가진 신호기로서 다음과 같은 종류

① 장내신호기(Home Signal): 정거장에 진입할 열차에 대하여 그 신호기 내방으로의 진입 가부를 지시하는 신호기이다.

② 출발신호기(Starting Signal): 정거장에서 출발하는 열차에 대하여 그 신호기 안쪽으로의 진출 가부를 지시하는 신호기

③ 폐색 신호기(Block Signal): 폐색구간에 진입할 열차에 대하여 패색구간의 진입가부(여부)를 지시하는 신호기

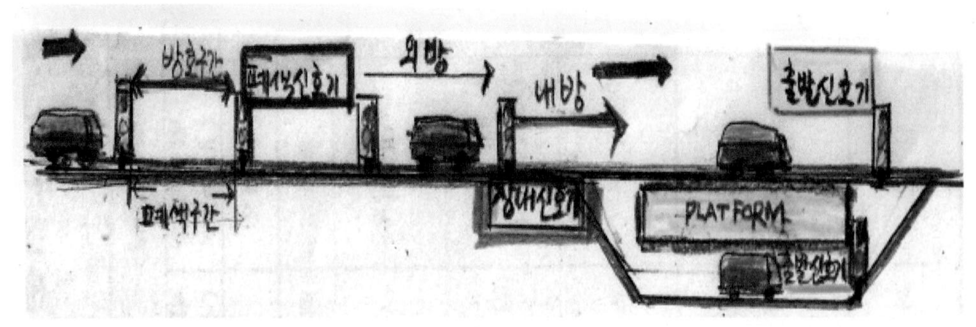

라. **엄호신호기:** 특히 방호를 요하는 지점을 통과하려는 열차에 대하여 신호를 현시하는 것

예제 **엄호신호는 특히 [ ]를 요하는 지점을 [ ]에 대하여 [ ]를 현시하는 것**

해설 방호, 통과하려는 열차, 신호

마. **유도신호기:** 장내신호기에 정지신호의 현시가 있는 경우 유도를 받을 열차에 대하여 신호를 현시하는 것

예제 **유도신호는 [ ]에 [ ]의 현시가 있는 경우 [ ]를 받을 열차에 대하여 [ ]를 현시하는 것**

해설 장내신호기, 정지신호, 유도, 신호

④ 엄호신호기(Protecting Signal): 특별히 방호를 요하는 지점을 통고할 열차에 대하여 신호기 안쪽으로의 진입가부를 지시하는 신호기

- 폐색신호는 궤도회로 기반으로 신호를 현시하므로 열차가 운행할 때 선행열차의 위치만으로도 자동으로 들어온다.
- 선행열차가 없음에도 불구하고, 특별히 방호를 요하는 지점이 있다면 신호기 안쪽으로의 진입가부를 지시하는 신호기가 엄호신호기

⑤ 유도신호기: 장내신호기에 정지신호의 현시가 있는 경우 유도를 받을 열차에 대하여 신호를 현시하는 것

⑥ 입환신호기(Shunting Signal): 입환차량에 대하여 신호기 안쪽으로의 진입가부를 지시하는 신호기

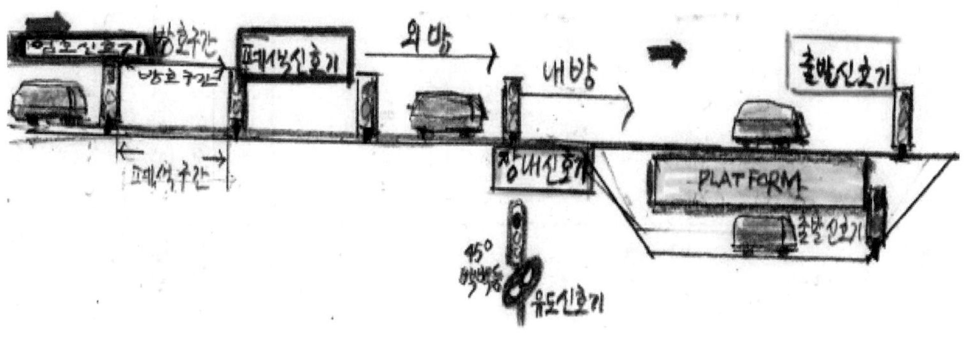

바. **입환신호기:** 입환차량 또는 차내신호폐색식을 시행하는 구간의 열차에 대하여 신호

예제 **입환신호기는 [ ] 또는 [ ]을 시행하는 구간의 [ ]에 대하여 신호**

해설 입환차량, 차내신호폐색식, 열차

[주 신호기]

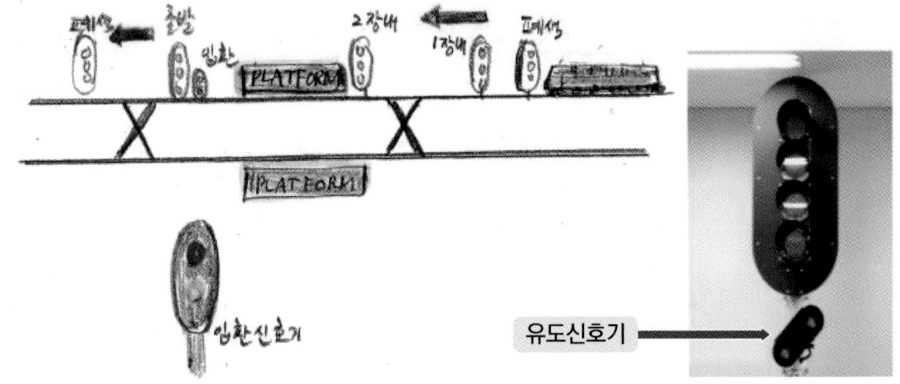

예제 **다음 중 상치신호기에서 주신호기에 포함되지 않는 것은?**

가. 장내신호기　　나. 폐색신호기
다. 원방신호기　　라. 입환신호기

해설 철도차량운전규칙 제82조(상치신호기의 종류) 제1호: 원방신호기는 주신호기에 해당되지 않는다.

예제 **다음 중 특히 방호를 요하는 지점을 통과하려는 열차에 대하여 신호를 현시하는 신호기는?**

가. 출발신호기　　나. 유도신호기
다. 엄호신호기　　라. 원방신호기

해설 철도차량운전규칙 제82조(상치신호기의 종류) 제1호: 엄호신호기: 특히 방호를 요하는 지점을 통과하려는 열차에 대하여 신호를 현시하는 것

[유도신호기]

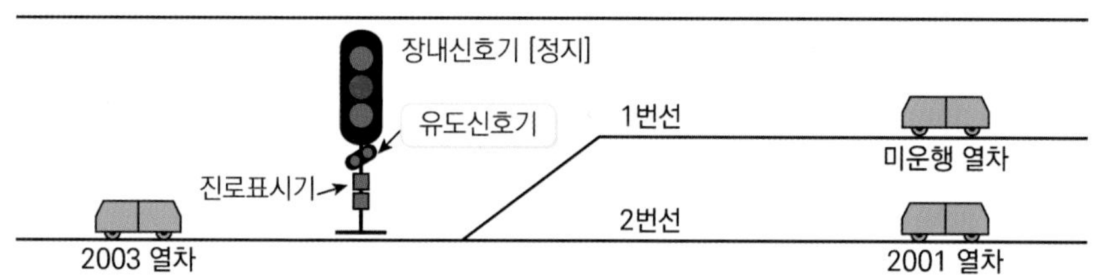

예제 다음 중 평상 시 소등되어 있는 신호기는?

가. 입환신호기

나. 유도신호기

다. 엄호신호기

라. 원방신호기

[주 신호기]

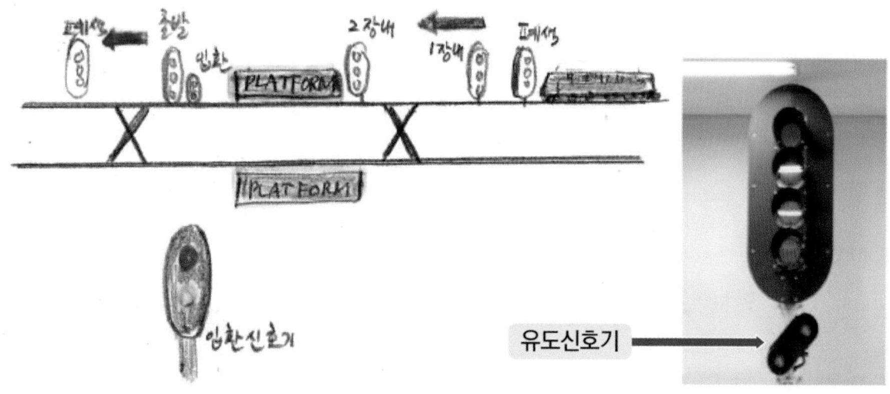

예제 다음 중 상치신호기의 신호현시방식에 관한 설명으로 틀린 것은?

가. 출발신호기의 정지신호는 적색등이다.

나. 원방신호기는 주신호기가 정지신호일 경우 색등식의 신호현시는 등황색등이다.

다. 입환신호기는 등열식 진행신호현시방식은 백색등열 우 · 하향 45도이다.

라. 차내신호기의 진행신호는 적색원형등(해당신호등) 점등이다.

해설 철도차량운전규칙 제84조(신호현시방식) 제2호 유도신호기(등열식): 백색등열 좌 · 하향 45도

예제 **다음 중 상치신호기에서 신호부속기로 볼 수 없는 것은?**

가. 진로표시기
나. 진로확인등
다. 진로예고기
라. 진로개통표시기

해설 철도차량운전규칙 제82조(상치신호기의 종류) 제3호: 진로확인등은 상치신호기에서 신호부속기로 볼 수 없다.

예제 **다음 중 상치신호기의 종류에 포함되지 않는 것은?**

가. 폐색신호기
나. 입환신호기
다. 진로표시기
라. 서행신호기

해설 철도차량운전규칙 제82조(상치신호기의 종류): 서행신호기는 상치신호기에 해당되지 않는다.

2. 종속신호기(방통중)

가. **원방신호:** 장내신호기·출발신호기 및 폐색신호기에 종속하여 열차에 대하여 주신호기가 현시하는 신호의 예고신호를 현시하는 것

예제 **원방신호기는 [ ], [ ] 및 [ ]에 종속하여 열차에 대하여 [ ]가 현시하는 신호의 [ ]를 현시하는 것**

정답 장내신호기, 출발 신호기, 폐색신호기, 주신호기, 예고신호

나. **통과신호기:** 출발신호기에 종속하여 정거장에 진입하는 열차에 대하여 신호기가 현시하는 신호를 예고하며, 정거장을 통과할 수 있는지의 여부에 대한 신호를 현시하는 것

예제 **출발신호기에 [ ]하여 정거장에 [ ]에 대하여 [ ]가 현시하는 신호를 [ ]하며, [ ]에 대한 [ ]를 현시하는 것**

정답 종속, 진입하는 열차, 신호기, 예고, 정거장을 통과할 수 있는지의 여부, 신호

통과신호기(Passing Signal): 출발신호기에 종속되어 있으며 주로 장내신호기의 하위에 설치하는 신호기로서 정거장의 통과여부를 예고하는 신호기

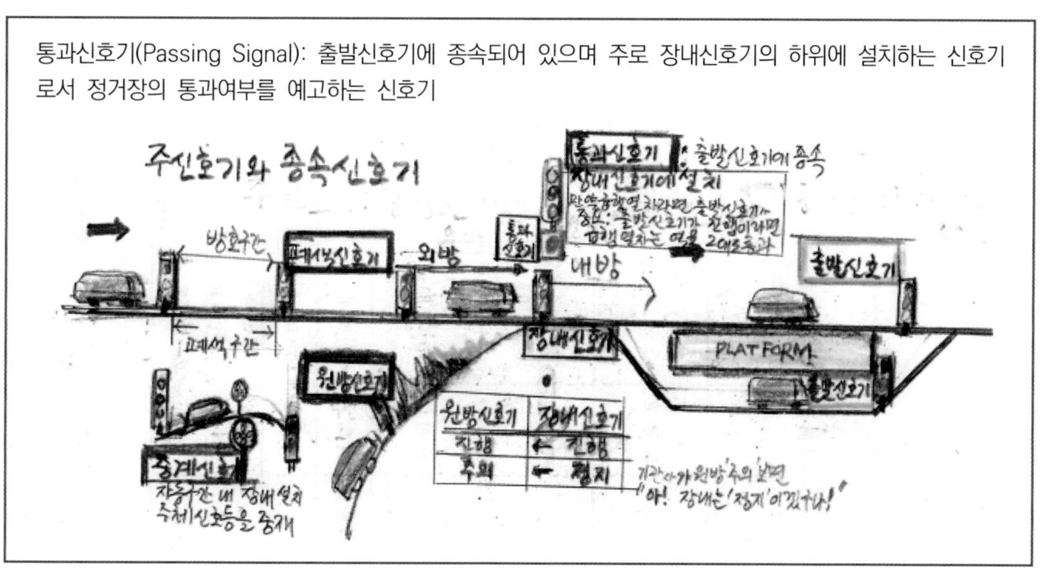

다. **중계신호기**: 장내신호기·출발신호기 및 폐색신호기에 종속하여 열차에 대하여 주신호기가 현시하는 신호를 중계하는 신호를 현시하는 것

예제 **중계신호기는 [　　　　　], [　　　　　]및 [　　　　　]에 종속하여 열차에 대하여 [　　　　　]가 현시하는 신호를 [　　]하는 신호를 현시하는 것**

정답 장내신호기, 출발신호기, 폐색신호기, 주신호기, 중계

[종속신호기]

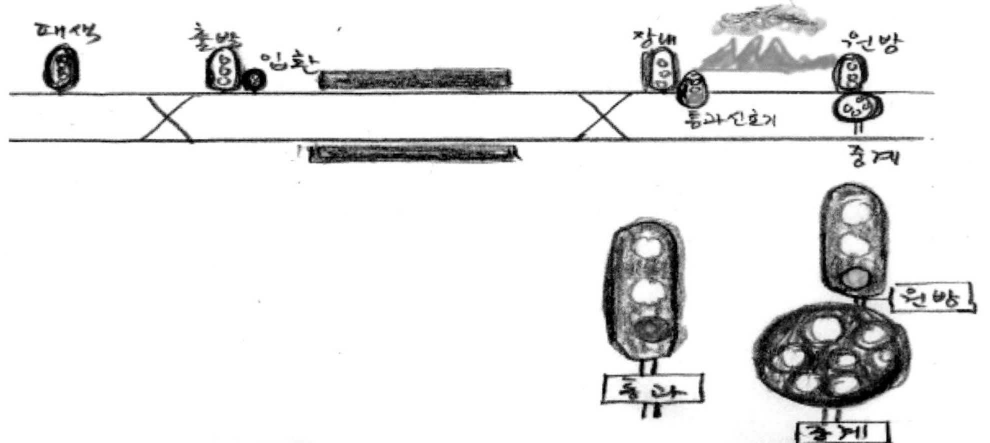

예제 다음 중 상치신호기의 종류가 아닌 것은?

가. 주신호기　　　　나. 종속신호기

다. 신호부속기　　　　**라. 임시신호기**

해설 임시신호기: 신호기를 들고 다니면서 공사하는 구간에 설치하는 신호기

예제 다음 중 종속신호기가 아닌 것은?

가. 원방신호기　　　　나. 통과신호기

다. 중계신호기　　　　**라. 엄호신호기**

해설 엄호신호기는 특히 방호를 요하는 지점을 통과하려는 열차에 대하여 신호를 현시하는 신호기로서 주신호기에 속한다.

[종속신호기: 주신호기의 인식 거리를 보충](방통중)

주신호기가 잘 안 보이기 때문에

종속신호기(Subsidiary Signal): 주신호기의 인식거리를 보충하기 위하여 외방에 설치하는 신호기

원방 신호기(Distance Signal): 주로 비자동구간의 장내에 종속하며 주체신호기의 현시를 예고하는 신호기

- 비자동 구간: 자동폐색 방식이 시행되지 않은 구간
- 장내 '진행' – 원방 '진행'
- 장내 '정지' – 원방 '주의'

※ 중계신호기는 자동구간에서 주체신호기나 중계신호기가 모두 같다.

(1) 상치신호기(늘 세워져 있는 신호기)(주종신)
　① 주신호기　② 종속신호기　③ 신호부속기

(2) 임시신호기

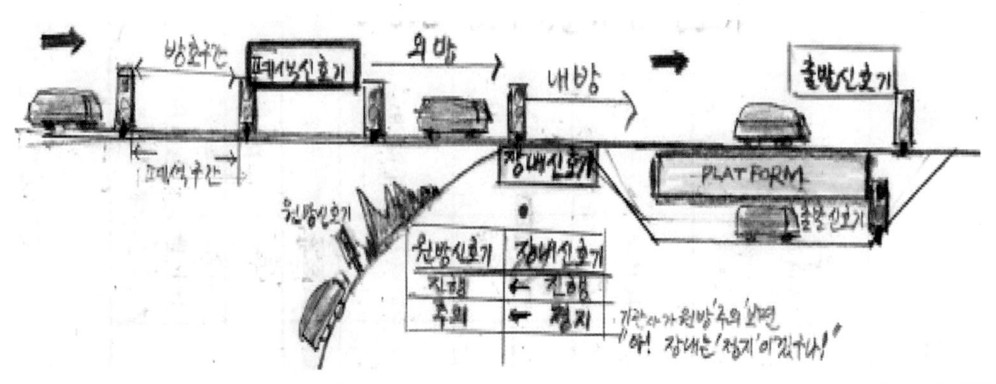

예[제 다음 중 종속신호기의 종류가 아닌 것은?

가. 원방신호기　　　나. 중계신호기

다. 진로표시기　　　라. 통과신호기

해설 철도차량운전규칙 제82조(상치신호기의 종류) 제2호: 진로표시기는 종속신호기의 종류가 아니다.

[종속 신호기](방통중)

가. 원방신호기 : 장내신호기 · 출발신호기 및 폐색신호기에 종속하여 열차에 대하여 주신호기가 현시하는 신호의 예고신호를 현시하는 것(장내신호기 앞으로 진행(또는 정지)이 나갈 것입니다) 주신호기보다 하나도 높은 단계의 신호를 해준다. (장내가 정지면 원방은 주의를 나타낸다) 원방에 노란불이 있으면 커브길 돌고 나면 정지가 있겠구나!

나. 통과신호기 : 출발신호기에 종속하여 정거장에 진입하는 열차에 대하여 신호기가 현시하는 신호를 예고하며, 정거장을 통과할 수 있는지의 여부에 대한 신호를 현시하는 것(장내신호기 밑에는 출발신호기와 유도신호기 2개가 동시에 위아래로 붙는다)

〈예제〉 원방 신호기, 중계 신호기, 진로예고기를 구분할 줄 알아야 한다.

[제80조 신호의 겸용 금지]

하나의 신호는 하나의 선로에서 하나의 목적으로 사용

다만, 진로 표시기(오른쪽, 왼쪽으로 가라!, 1번으로 가라, 2번으로 가라!)를 부설한 신호기는 예외(즉, 같이 쓴다)

[중계 신호기(Repeating Signal)]

주로 자동구간의 장내, 출발, 폐색신호기(잘 안보일 때)에 종속하며 주체신호기의 신호등을 중계하기 위하여 설치하는 신호기

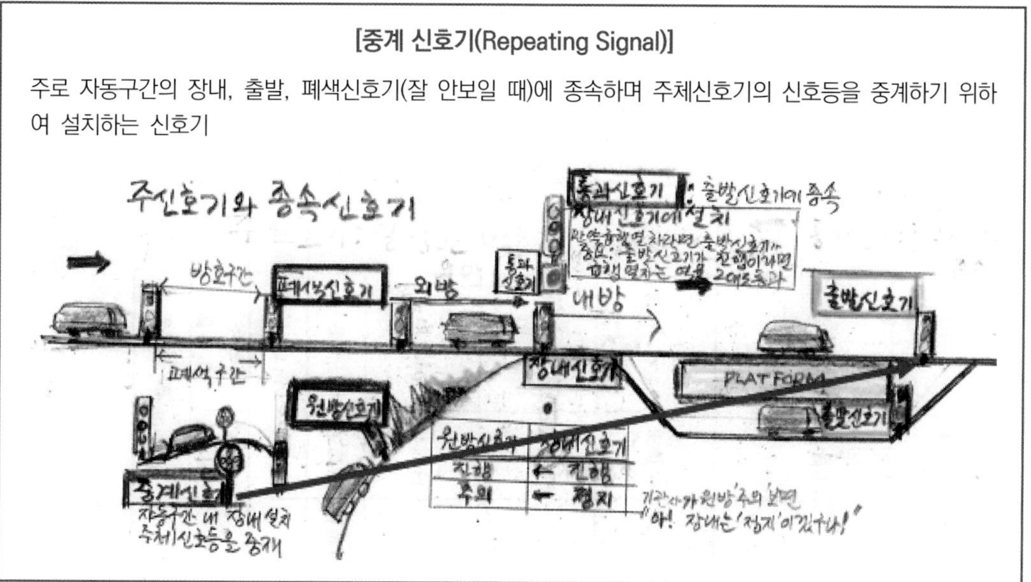

예제 다음 중 종속신호기의 종류가 아닌 것은?

가. 중계신호기　　나. 통과신호기
다. 유도신호기　　라. 원방신호기

해설 철도차량운전규칙 제82조(상치신호기의 종류) 제2호 종속신호기: 유도신호기는 주신호기에 해당된다.

3. 신호부속기(다. 진로개통표시기 외에 신호부속기는 자주 출제가 안 되고 있음)
가. 진로표시기: 장내신호기·출발신호기·진로개통표시기 및 입환신호기에 부속하여 열차 또는 차량에 대하여 그 진로를 표시하는 것
나. 진로예고기: 장내신호시·출발신호기에 종속하여 다음 장내신호기 또는 출발신호기에 현시하는 진로를 열차에 대하여 예고하는 것(현자에서 잘 활용되지 않는다)
다. 진로개통표시기: 차내신호기(차내신호기를 사용하는 3,4,5,6호선 구간)를 사용하는 본 선로의 분기부에 설치하여 진로의 개통상태를 표시하는 것(입환표시기와 유사하나 그 밑에 진로를 표시해 놓았다). ATC구간에는 신호등이 없으므로 진로개통표시기로 신호부속표시기를 달아 놓는다.

참고: 진로표시기 대신 진로예고기나 진로개통표시기로 바꾸어 출제될 가능성이 있다.

[제80조 신호의 겸용 금지]

하나의 신로는 하나의 선로에서 하나의 목적으로 사용. 다만, 진로표시기(오른쪽, 왼쪽으로 가라!, 1번으로 가라, 2번으로 가라!)를 부설한 신호기는 예외(즉, 같이 쓴다)

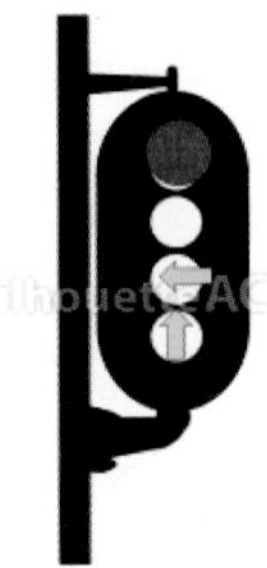

진로계통표시기 밑에 "진로표시기"(노란색 화살표 또는 번호)를 설치

예제 다음 중 괄호 안에 들어갈 것으로 맞는 것은?

"하나의 신호는 하나의 선로에서 하나의 목적으로 사용되어야 한다. 다만 (　　　　)를 부설한 신호기는 그러하지 아니하다"

가. 진로개통표시기　　**나. 진로표시기**
다. 서행허용표시기　　라. 유도표시기

해설 철도차량운전규칙 제63조(신호의 겸용금지) 하나의 신호는 하나의 선로에서 하나의 목적으로 사용되어야 한다. 다만, 진로표시기를 부설한 신호기는 그러하지 아니하다.

제83조(차내신호)

차내신호의 종류 및 그 제한속도는 다음 각 호와 같다.

1. 정지신호: 열차운행에 지장이 있는 구간으로 운행하는 열차에 대하여 정지하도록 하는 것
2. 15신호: 정지신호에 의하여 정지한 열차에 대한 신호로서 1시간에 15킬로미터 이하의 속도로 운전하게 하는 것
3. 야드신호: 입환차량에 대한 신호로서 1시간에 25킬로미터 이하의 속도로 운전하게 하는 것
4. 진행신호: 열차를 지정된 속도 이하로 운전하게 하는 것

예제 **15신호는 [ ]에 의하여 [ ]한 열차에 대한 신호로서 [ ]의 속도로 운전하게 하는 신호이다.**

정답 정지신호, 정지, 1시간에 15킬로미터 이하

예제 **야드신호는 [ ]에 대한 신호로서 [ ] 이하의 속도로 운전하게 하는 신호이다.**

정답 입환차량, 1시간에 25킬로미터

[제83조 차내신호]

1. 정지신호: 열차운행에 지장이 있는 구간으로 운행하는 열차에 대하여 정지하도록 하는 것(빨간(STOP) 불이 들어오는 상태))
2. 15 신호: 정지신호에 의하여 정지한 열차에 대한 신호로서 1시간에 15킬로미터 이하의 속도로 운전하게 하는 것
3. 야드 신호(차량기지): 입환차량에 대한 신호로서 1시간에 25킬로미터 이하의 속도로 1 운전(YARD에 노란불이 들어온다)
4. 진행신호: 열차를 지정된 속도 이하로 운전하게 하는 것
   〈예제〉 야드는 무슨 색깔인가?

차내신호

신호기(ATS적용) Km/h		
형태	신호종류	운전속도
	정지신호	정지
	경계신호	25
	주의신호	45
	감속신호	65
	진행신호	허용속도
	입환신호	25
	임시신호	지정속도

차내신호기(ATC적용) Km/h		
형태	신호종류	운전속도
	"0"신호	정지(15)
	25(YARD)	25
	25(본선)	25
	40신호	40
	60신호	60
	70신호	70
	80신호	80

[열차의 운전속도]

예제 다음 중 차내신호의 종류가 아닌 것은?

가. 야드신호
나. 25신호
다. 정지신호
라. 진행신호

해설 철도차량운전규칙 제83조(차내신호): 25신호는 차내신호의 종류가 아니다.

예제 차내신호기에서 입환차량에 대한 신호로서 1시간에 25킬로미터 이하로 운전하도록 하는 신호로 맞는 것은?

가. 구내신호
나. 서행신호
다. 야드신호
라. 감속신호

해설 철도차량운전규칙 제83조(차내신호): 야드신호: 입환차량에 대한 신호로서 1시간에 25킬로미터 이하의 속도로 운전하게 하는 것

예제 다음 중 차내신호(ADU)의 종류에 포함되지 않는 것은?

가. 15신호 나. 진행신호

다. 절대신호 라. 야드신호

해설 철도차량운전규칙 제83조(차내신호) 차내신호의 종류
1. 정지신호 2. 15신호 3. 야드신호 4. 진행신호

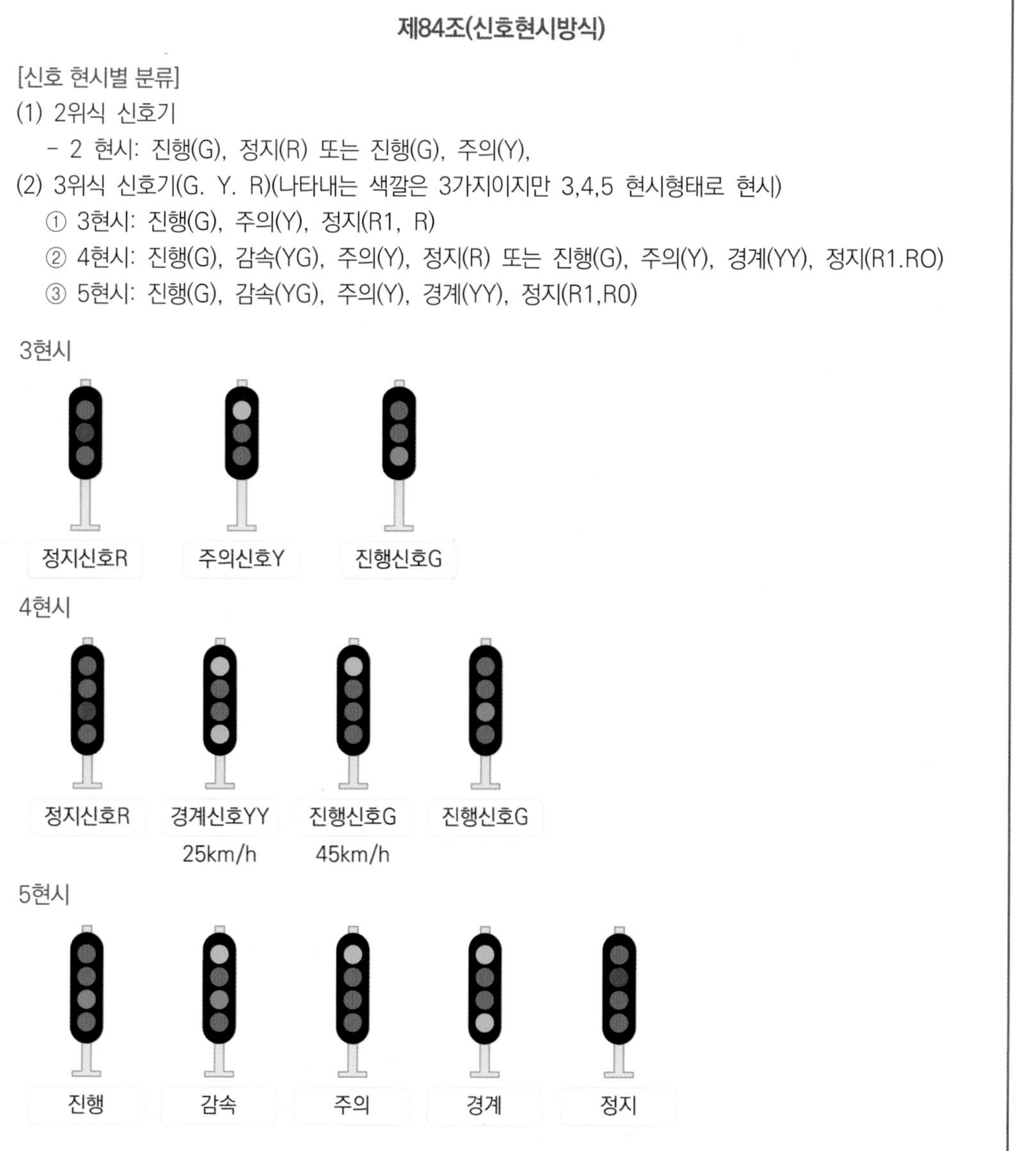

제84조(신호현시방식)

[신호 현시별 분류]

(1) 2위식 신호기
- 2 현시: 진행(G), 정지(R) 또는 진행(G), 주의(Y),

(2) 3위식 신호기(G. Y. R)(나타내는 색깔은 3가지이지만 3,4,5 현시형태로 현시)
① 3현시: 진행(G), 주의(Y), 정지(R1, R)
② 4현시: 진행(G), 감속(YG), 주의(Y), 정지(R) 또는 진행(G), 주의(Y), 경계(YY), 정지(R1.RO)
③ 5현시: 진행(G), 감속(YG), 주의(Y), 경계(YY), 정지(R1,R0)

예제 5현시 경계신호는 상위 [ ], 하위 [ ]이다.

정답 등황색등, 등황색등

예제 4현시와 5현시 감속신호는 각각 상위 [ ], 하위 [ ]이다.

정답 등황색등, 녹색등

상치신호기의 현시방식은 다음 각 호와 같다.

1. 장내신호기 · 출발신호기 · 폐색신호기 및 엄호신호기

종류	신호현시방식					
	5현시	4현시	3현시	2현시		
	색등식	색등식	색등식	색등식	완목식	
					주간	야간
정지신호	적색등	적색등	적색등	적색등	완수평	적색등
경계신호	상위: 등황색등 하위: 등황색등					
주의신호	등황색등	등황색등	등황색등			
감속신호	상위: 등황색등 하위: 녹색등	상위: 등황색등 하위: 녹색등				
진행신호	녹색등	녹색등	녹색등	녹색등	완좌 하향45도	녹색등

- 입환신호기는 2현시
- 열차운행간격에 따라 3등식신호기,
- 4등식 신호기(4현시로도 5현시가 가능하다)로 나누어지며 제한속도가 다르다.
- 열차운행이 빈번한 곳에서는 흔히 5등식 신호기가 사용된다.
- 완목식 신호기(지금은 활용 안 됨)에서 수평이면 정지
- 완목식에서는 좌하향 45도(꺾어지면 진행)

주의신호(YG): 지하구간이 많은 서울교통공사, 부산(인천) 교통공사 에서는 4현시에서는, YG: 파란불과 노란불)이 나오면 65km/h로 감속(국철구간에서는 85km/h로 감속)
경계신호(YY):

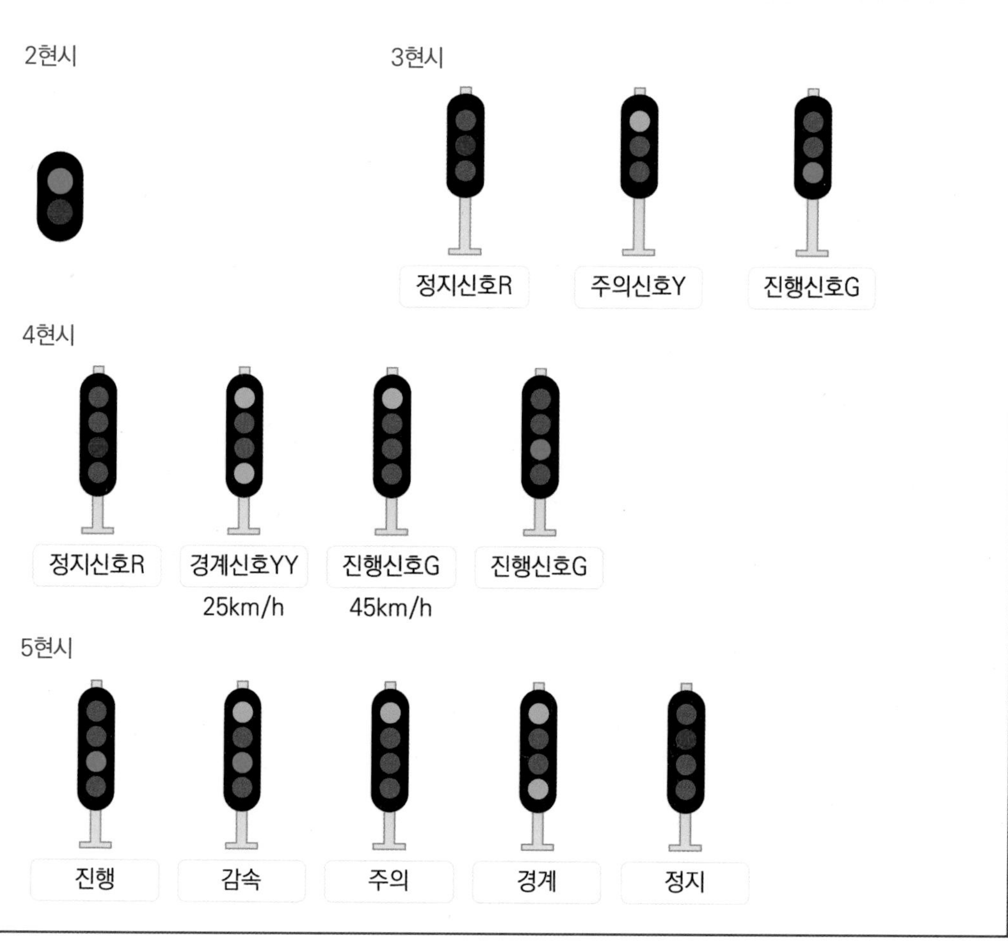

정지표시 (20년 전 덕정역)　　진행 표시

예제 **감속신호기를 정확하게 표현한 것은?**

해설 등황색등 밑에 녹색등

예제 **다음 중 장내 · 출발 · 폐색신호기의 신호현시방식(5현시)에 관한 설명으로 틀린 것은?**

가. 정지: 적색등
나. 주의: 등황색등
다. 진행: 녹색등
라. 감속: 상위- 등황색등, 하위- 등황색등

해설 철도차량운전규칙 제84조(신호현시방식): 감속: 상위- 등황색등, 하위- 녹색등

예제 **다음 중 5현시 장내 · 출발신호기의 신호현시방식에서 감속신호에 해당하는 것은?**

가. 상위: 청색등, 하위: 등황색등
나. 상위: 청색등, 하위: 녹색등
다. 상위: 등황색등, 하위: 등황색등
라. 상위: 등황색등, 하위: 녹색등

해설 철도차량운전규칙 제84조(신호현시방식) 제1호: 5현시 장내 · 출발신호기의 신호현시방식에서 감속신호에 해당하는 것은 상위는 등황색등, 하위는 녹색등이다.

2. 유도신호기(등열식): 백색등열 좌 · 하향 45도

예제 유도신호기의 신호현시방식은 [ ] · [ ] [ ]이다.

정답 좌, 하향, 45도

[유도신호기]

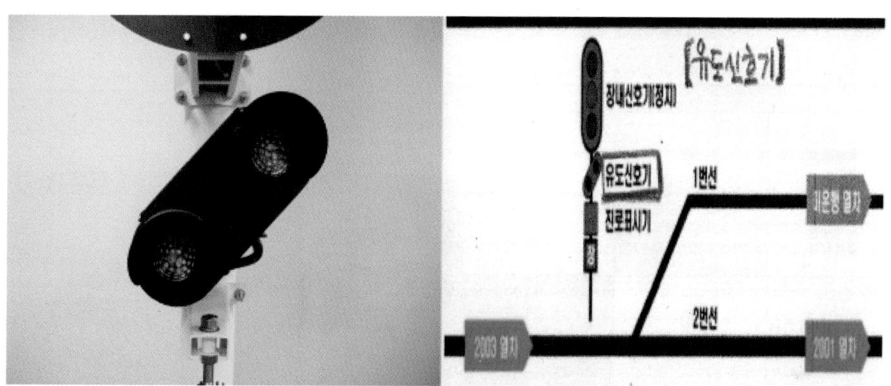

예제 **다음 중 유도신호기의 신호현시방식으로 맞는 것은?**

가. 백색등열 우하향 45도
나. 등황색등 좌하향 15도
다. 백색등열 좌하향 45도
라. 등황색등 우하향 15도

해설 철도차량운전규칙 제84조(신호현시방식) 제2호 유도신호기(등열식): 백색등열 좌 · 하향 45도

예제 **철도차량운전규칙에서 상치신호기의 현시방식에 대한 설명 중 틀린 것은?**

가. 엄호신호기 5현시 색등식 감속신호는 상위 등황색등, 하위 녹색등이 현시된다.
나. 폐색신호기 5현시 색등식 주의신호는 등황색등이 현시 된다.
다. 차내신호기 야드신호 현시는 노란색 직사각형등과 적색원형등(25등 신호)이 점등된다.
라. 유도신호기(등열식)은 백색등열 완 · 좌하향 45도이다.

해설 철도차량운전규칙 제84조(신호현시방식) 제2호 유도신호기(등열식): 백색등열 좌 · 하향 45도

3. 입환신호기

종류	신호현시방식		
	등열식	색등식	
		차내신호폐색구간	그 밖의 구간
정지신호	백색등열 수평 무유도등 소등	적색등	적색등
진행신호	백색 등열 좌하향 45도 무유도등 점등	등황색등	청색등 무유도등 점등

[입환표지]

- 입환신호기에서는 무유도 표시등이 들어오면 들어갈 수 있다.
- 그러나 입환표지에서는 입환표지만 보고 들어갈 수 없다. 반드시 조차원의 유도가 필요하다.
- 입환표지가 들어오더라도 차량기지내 차량의 점유 여부와는 상관이 없다.

대부분의 시간동안 항상 빨간 불만 켜져 있는 입환신호기
- 오마이포토

예제 **입환신호기의 진행신호는 [ ]에서 색등식 신호기의 [ ]이 점등일 경우이다.**

정답 차내신호폐색구간, 등황색등

예제 **다음 중 입환신호기의 신호현시방식에 관한 설명으로 잘못 연결되어진 것은?**

가. 정지신호 - 차내신호폐색구간에서 색등식 신호기의 적색등이 점등일 경우

나. 진행신호 - 차내신호폐색구간에서 색등식 신호기의 청색등이 점등일 경우

다. 정지신호 - 등열식 신호기의 백색등열 수평, 무유도등 소등일 경우

라. 진행신호 - 등열식 신호기의 백색등열 좌하향 45도, 무유도등이 점등일 경우

해설 철도차량운전규칙 제84조(신호현시방식) 제3호 입환신호기: 진행신호는 차내신호폐색구간에서 색등식 신호기의 등황색등이 점등일 경우이다.

4. 원방신호기(통과신호기를 포함한다)

종류	신호현시방식		
	등열식	색등식	
		차내신호폐색구간	그 밖의 구간
정지신호	백색등열 수평 무유도등 소등	적색등	적색등
진행신호	백색 등열 좌하향 45도 무유도등 점등	등황색등	청색등 무유도등 점등

예제 **다음 중 주신호기가 정지신호 일 때 등황색을 현시하는 종속신호기로 맞는 것은?**

가. 중계신호기

나. 원방신호기

다. 진로개통표시기

라. 차내신호기

해설 철도차량운전규칙 제84조(신호현시방식) 제4호 원방신호기

5. 중계신호기

종류	등열식		색등식
주신호기가 정지신호를 할 경우	정지중계	백색등열(3등)수평	적색등
주신호기가 진행을 지시하는 신호를 할 경우	제한중계	백색등열(3등) 좌하향 45도	
	진행중계	백색등열(3등) 수직	주신호기가 진행을 지시하는 색등

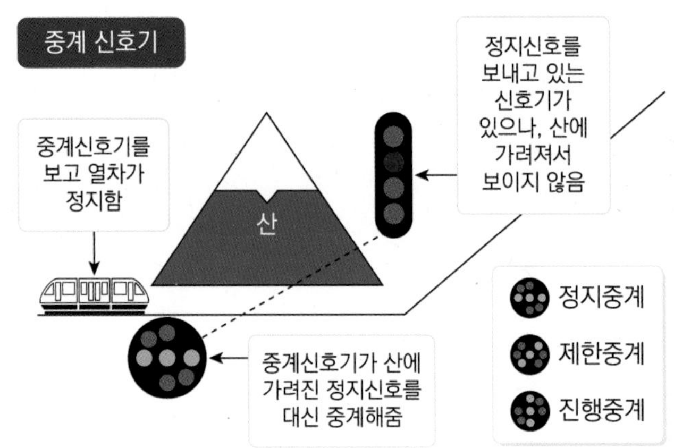

예제 **다음 중 신호에 관한 설명으로 맞지 않는 것은?**

가. 장내신호기는 정거장을 진입하려는 열차에 대하여 신호를 현시하는 것이다.

나. 중계신호기의 진행중계방식은 백색등열(3등) 좌하향 45도이다.

다. 상치신호기는 일정한 장소에서 색등에 의하여 열차의 운전조건을 지시한다.

라. 진로개통표시기는 차내신호기를 사용하는 본 선로의 분기부에 설치하여 진로의 개통상태를 표시하는 것이다.

해설 철도차량운전규칙 제84조(신호현시방식) 제5호 중계신호기: 중계신호기의 진행중계방식은 백색등열(3등) 수직이다.

6. 차내신호기

종류	신호현시방식
정지신호	적색사각형등 점등
15신호	적색원형등 점등("15" 지시)
야드신호	노란색 직사각형등과 적색원형등(25등신호) 점등
진행신호	적색원형등(해당신호등) 점등

[ATC 구간 속도계 겸 차내신호기인 ADU]

예제 **다음 중 차내폐색신호기의 신호현시방식에 관한 설명으로 틀린 것은?**

가. 진행신호 - 적색원형등(해당신호등) 점등

나. 야드신호 - 노란색 직사각형등과 적색원형등(25등신호) 점등

다. 15신호 - 백색사각등 점등("15" 지시)

라. 정지신호 - 적색사각형 점등

해설 철도차량운전규칙 제84조(신호현시방식) 차내신호기: 15신호 – 적색원형등 점등("15" 지시)

예제 **철도차량운전규칙에서 철도신호 현시방식 중 맞는 것은?**

가. 색등식 입환신호기는 차내신호폐색구간에서 진행신호는 청색등이 현시된다.

나. 엄호신호기의 2현시 방식에서 정지신호는 등황색등이 현시된다.

다. 차내신호기의 야드신호 현시는 노란색 직사각형등과 적색원형등(25등 신호)이 점등된다.

라. 감속신호 현시는 상위 녹색등, 하위 등황색등이 점등된다.

해설 철도차량운전규칙 제84조(신호현시방식) 제6호 차내신호기

제85조(신호현시의 정위)

① 별도의 작동이 없는 상태에서의 상치신호기의 정위(正位)는 다음 각 호와 같다.

[상치신호기의 정위]

1. 장내신호기: 정지신호
2. 출발신호기: 정지신호
3. 폐색신호기(자동폐색신호기를 제외한다): 정지신호
4. 엄호신호기: 정지신호
5. 유도신호기: 신호를 현시하지 아니한다.

예제 **엄호신호기는 [ ]가 정위이다.**

정답 정지신호

예제 **유도신호기의 정위는 신호를 [ ].**

정답 현시하지 아니한다

6. 입환신호기: 정지신호
7. 원방신호기: 주의신호

예제 **원방신호기의 정위는 [ ]이다.**

정답 주의신호

② 자동폐색신호기 및 반자동폐색신호기는 진행을 지시하는 신호를 현시함을 정위로 한다. 다만, 단선구간의 경우에는 정지신호를 현시함을 정위로 한다.

예제 **자동폐색신호기 및 반자동폐색신호기는 [ ]을 지시하는 [ ]를 현시함을 [ ]로 한다. 다만, [ ]의 경우에는 [ ]를 현시함을 [ ]로 한다.**

정답 진행, 신호, 정위, 단선구간, 정지신호, 정위

③ 차내신호기는 진행신호를 현시함을 정위로 한다.

예제 **차내신호기는 [ ]를 현시함을 [ ]로 한다.**

정답 진행신호, 정위

예제 **다음 중 상치신호기의 정위가 틀리게 연결된 것은?**

가. 장내신호기: 정지신호
나. 유도신호기: 주의신호
다. 원방신호기: 주의신호
라. 폐색신호기: 정지신호

해설 철도차량운전규칙 제85조(신호현시의 정위) 제1항: 유도신호기: 신호를 현시하지 않는 것이 정위이다.

예제 **철도차량운전규칙에서 신호 현시의 정위에 대한 다음 설명 중 맞지 않는 것은?**

가. 원방신호기는 정지신호가 정위이다.
나. 엄호신호기는 정지신호가 정위이다.
다. 반자동신호기는 진행을 지시하는 신호를 현시함을 정위로 한다.
라. 유도신호기는 신호를 현시하지 않는 것이 정위이다.

해설 철도차량운전규칙 제85조(신호현시의 정위: 원방신호기는 주의신호가 정위이다.

예제 **다음 중 복선구간의 신호 현시가 정위로 맞지 않는 것은?**

가. 반자동폐색신호기는 정지신호가 정위이다.
나. 엄호신호기는 정지신호가 정위이다.
다. 차내신호기는 진행신호가 정위이다.
라. 유도신호기는 신호를 현시하지 않는 것이 정위이다.

해설 철도차량운전규칙 제85조(신호현시의 정위): 반자동폐색신호기는 해당되지 않는다.

예제 **철도차량운전규칙에서 신호현시의 정위로 틀린 것은?**

가. 장내신호기: 정지신호　　나. 엄호신호기: 정지신호
다. 유도신호기: 주의신호　　라. 입환신호기: 정지신호

해설 철도차량운전규칙 제85조(신호현시의 정위): 유도신호기는 신호를 현시하지 아니한다.

제86조(배면광 설비)

상치신호기의 현시를 후면에서 식별할 필요가 있는 경우에는 배면광(背面光)을 설비하여야 한다.

제87조(신호의 배열)

기둥 하나에 같은 종류의 신호 2 이상을 현시할 때에는 맨 위에 있는 것을 맨 왼쪽의 선로에 대한 것으로 하고, 순차적으로 오른쪽의 선로에 대한 것으로 한다.

예제 **기둥 하나에 같은 종류의 신호 [　　]을 현시할 때에는 [　　]에 있는 것을 [　　]의 [　　]에 대한 것으로 하고, 순차적으로 [　　]의 선로에 대한 것으로 한다.**

정답 2 이상, 맨 위, 맨 왼쪽, 선로, 오른쪽

예제 **다음 중 동일한 신호기 기둥 하나에 여러 개의 신호가 설치되어 있을 때 그 중 맨 위의 신호에 진행을 지시하는 신호가 현시되었을 경우 진입하여야 할 선로는?**

가. 맨 왼쪽의 선로　　나. 맨 오른쪽의 선로
다. 가장 중요한 본선　　라. 가운데 선로

해설 철도차량운전규칙 제87조(신호의 배열) 기둥 하나에 같은 종류의 신호 2 이상을 현시할 때에는 맨 위에 있는 것을 맨 왼쪽의 선로에 대한 것으로 하고, 순차적으로 오른쪽의 선로에 대한 것으로 한다.

제88조(신호현시의 순위)

원방신호기는 그 주된 신호기가 진행신호를 현시하거나, 3위식 신호기는 그 신호기의 배면쪽 제1의 신호기에 주의 또는 진행신호를 현시하기 전에 이에 앞서 진행신호를 현시할 수 없다.

제89조(신호의 복위)

열차가 상치신호기의 설치지점을 통과한 때에는 그 지점을 통과한 때마다 유도신호기는 신호를 현시하지 아니하며 원방신호기는 주의신호를, 그 밖의 신호기는 정지신호를 현시하여야 한다.

예제 **열차가 [ ]의 설치지점을 통과한 때에는 그 지점을 [ ] [ ]는 신호를 [ ] [ ]는 [ ]를, 그 밖의 신호기는 정지신호를 현시하여야 한다.**

정답 상치신호기, 통과한 때마다, 유도신호기, 현시하지 아니하며, 원방신호기, 주의신호,

제3절 임시신호기

제90조(임시신호기)

선로의 상태가 일시 정상운전을 할 수 없는 상태인 경우에는 그 구역의 바깥 쪽에 임시신호기를 설치하여야 한다.

예제 **선로의 상태가 일시 정상운전을 할 수 없는 상태인 경우에는 그 [ ]의 [ ] [ ]를 설치하여야 한다.**

정답 구역, 바깥쪽에, 임시신호기

제91조(임시신호기의 종류)

임시신호기의 종류와 용도는 다음 각 호와 같다.

예제 임시신호기 종류에는 [ ], [ ], [ ]가 있다.

정답 서행신호기, 서행예고신호기, 서행해제신호기

[임시신호기의 종류와 용도]

1. 서행신호기: 서행운전할 필요가 있는 구간에 진입하려는 열차 또는 차량에 대하여 당해 구간을 서행할 것을 지시하는 것
2. 서행예고신호기: 서행신호기를 향하여 진행하려는 열차에 대하여 그 전방에 서행신호의 현시있음을 예고하는 것
3. 서행해제신호기: 서행구역을 진출하려는 열차에 대하여 서행을 해제할 것을 지시하는 것

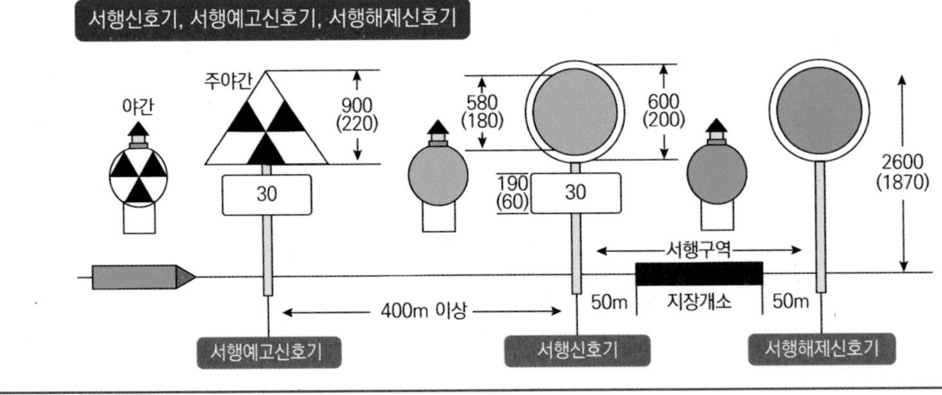

제92조(신호현시방식)

① 임시신호기의 신호현시방식은 다음과 같다.

종류	신호현시방식	
	주간	야간
서행신호	백색테두리를 한 등황색 원판	등황색등
서행예고신호	흑색삼각형 3개를 그린 백색삼각형	흑색삼각형 3개를 그린 백색등
서행해제신호	백색테두리를 한 녹색원판	녹색등

② 서행신호기 및 서행예고신호기에는 서행속도를 표시하여야 한다.

예제 **다음 중 흑색삼각형 3개를 그린 백색삼각형의 현시방식의 신호기는?**

가. 서행예고신호기 나. 서행신호기
다. 서행해제신호기 라. 서행종료신호기

해설 철도차량운전규칙 제92조(신호현시방식) 제1항: 서행예고신호기

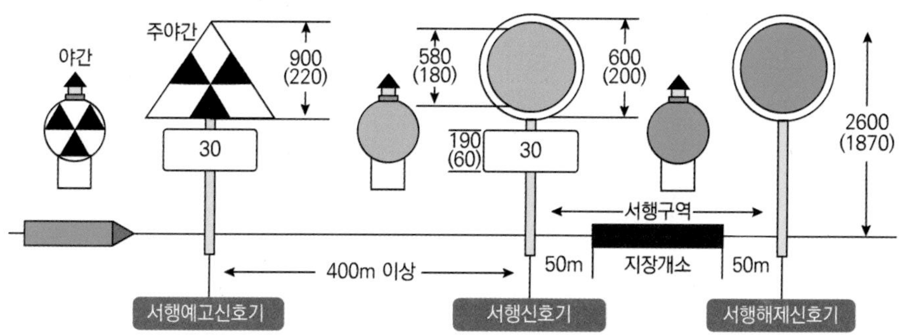

예제 **다음 중 임시신호기의 신호현시방식에 관한 설명으로 틀린 것은?**

가. 서행신호기 및 서행예고신호기에는 서행속도를 표시한다.
나. 임시신호기의 서행신호의 야간방식은 흑색삼각형 3개를 그린 백색등으로 나타낸다.
다. 임시신호기의 종류는 서행신호기, 서행예고신호기, 서행해제신호기가 있다.
라. 서행구역을 진출하려는 열차에 대하여 서행을 해제할 것을 지시하는 임시신호기는 서행해제신호기이다.

해설 철도차량운전규칙 제92조(신호현시방식) 제1항 임시신호기의 신호현시방식: 임시신호기의 서행신호의 야간방식은 등황색등으로 나타낸다.

제4절 수신호

제93조(수신호의 현시방법)

신호기를 설치하지 아니하거나 이를 사용하지 못하는 경우에 사용하는 수신호는 다음 각 호와 같이 현시한다.

[수신호현시방법]

1. 정지신호

가. 주간: 적색기. 다만, 적색기가 없을 때에는 양팔을 높이 들거나 또는 녹색기 외의 것을 급히 흔든다.

나. 야간: 적색등. 다만, 적색등이 없을 때에는 녹색등 외의 것을 급히 흔든다.

2. 서행신호

가. 주간: 적색기와 녹색기를 모아쥐고 머리 위에 높이 교차한다.

나. 야간: 깜박이는 녹색등

3. 진행신호

가. 주간: 녹색기. 다만, 녹색기가 없을 때는 한 팔을 높이 든다.

나. 야간: 녹색등

[제4절 수신호]

제93조 수신호의 현시방법

신호기를 설치하지 아니하거나 이를 사용하지 못하는 경우에 사용하는 수신호는 다음 각 호와 같이 현시한다(상치나 임시 모두 설치할 수 없을 때, 또는 그 필요가 없을 때 수신호를 활용한다) (전호기에는 적색과 녹색만 있다. 황색 (주의)기는 없다)

1. 정지신호

가. 주간: 적색기 다만, 적색기가 없을 때에는 양팔을 높이 들거나 또는 녹색기 외의 것을 급히 흔든다.

나. 야간: 적색등 다만, 적색등이 없을 때에는 녹색등 외의 것을 급히 흔든다.

2. 서행신호
   가. 주간: 적색기와 녹색기를 모아쥐고 머리 위에 높이 교차한다.
   나. 야간: 깜박이는 녹색등
3. 진행 신호
   가. 주간: 녹색기. 다만, 녹색기가 없을 때는 한 팔을 높이 든다.
   나. 야간: 녹색등

수신호의 현시 방법

신호의 종류	신호 방식 (주간)	
1 오너라	녹색기를 좌우로 움직인다	
2. 가거라	녹색기를 상하로 움직인다	
3 정지하라	적색기를 현시한다	

* 천천히 가라: 야간: 깜빡이는 녹색등

예제 **다음 중 철도차량을 운전하다가 수신호를 발견하였을 때 조치사항으로 틀린 것은?**

가. 양팔 높이 들고 있는 사람 발견 시 - 정지

나. 한 팔을 높이 들고 있는 사람을 발견 시 - 진행

다. 깜빡이는 녹색등 발견 시 - 서행

라. 적색기와 녹색기를 모아쥐고 머리위에 교차 시 - 진행

해설 철도차량운전규칙 제93조(수신호의 현시방법): 적색기와 녹색기를 모아쥐고 머리위에 교차 시는 서행신호이다.

예제 **수신호 현시방법에 대한 설명 중 틀린 것은?**

가. 진행신호 주간에 녹색기가 없을 때에는 한 팔을 높이 든다.

나. 서행신호 주간에 적색기와 녹색기를 모아쥐고 머리 위에 높이 교차한다.

다. 정지신호 주간에 적색기가 없을 때에는 양팔을 높이 들거나 적색기 외의 것을 급히 흔든다.

라. 정지신호 야간에 적색기가 없을 때에는 녹색등 외의 것을 급히 흔든다.

해설 철도차량운전규칙 제93조(수신호의 현시방법): 적색기가 없을 때에는 양팔을 높이 들거나 또는 녹색기 외의 것을 급히 흔든다.

제94조(선로지장 시의 수신호)

선로에서의 정상 운행이 어려워 열차를 정지 또는 서행시켜야 하는 경우로서 임시신호기에 의할 수 없을 때에는 수신호로 다음 각 호와 같이 방호하여야 한다. 다만, 열차 무선전화로 열차를 정지 또는 서행시키는 조치를 한 때에는 이를 생략할 수 있다.

1. 정지시켜야 하는 경우

가. 지장지점의 외방 200미터 이상의 지점에 정지 수신호를 현시하여야 하며, 미리 통고를 하지 못한 때에는 정지수신호 현시지점의 외방 상당한 거리에 폭음신호 현시를 위한 신호뇌관을 장치할 것

예제 **지장지점의 외방 [ ] 이상의 지점에 [ ]를 현시하여야 하며, 미리 통고를 하지 못한 때에는 정지수신호 현시지점의 외방 상당한 거리에 [ ] 현시를 위한 [ ]을 장치할 것**

정답 200미터, 정지 수신호, 폭음신호, 신호뇌관

지장지점의 외방 200미터 이상의 지점에
정지 수신호를 현시

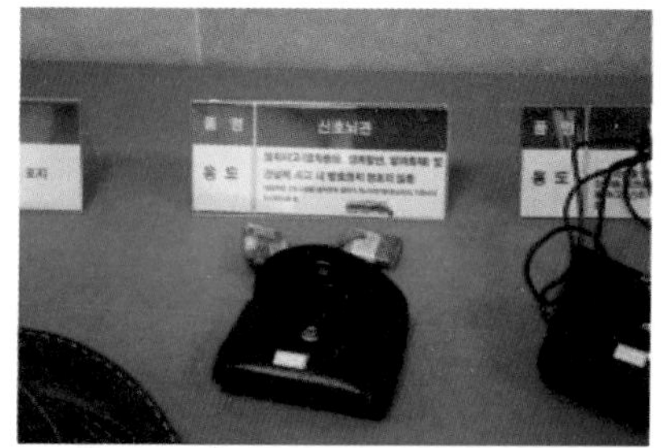
신호뇌관

나. 열차 고장으로 인하여 도중에 열차가 정지하여 다른 열차를 정지시켜야 할 경우에는 이에 대한 폭음신호, 정지수신호 등 상당한 방호조치를 할 것

예제 **열차 고장으로 인하여 도중에 열차가 정지하여 [ ] 할 경우에는 이에 대한 [ ], [ ] 등 상당한 [ ]를 할 것**

정답 다른 열차를 정지시켜야, 폭음신호, 정지수신호, 방호조치

예제 **다음 중 선로지장 시의 수신호에 의한 방호조치로 틀린 것은?**

가. 지장지점의 외방 200미터 이상의 지점에 정지수신호를 현시하여야 하며, 미리 통고를 하시 못한 때에는 정지수신호를 현시지점의 외방 상당한 거리에 폭음신호를 현시를 위한 신호뇌관을 장치할 것

나. 열차 고장으로 인하여 도중에 열차가 정지하여 다른 열차를 정지시켜야 할 경우에는 이에 대한 화염신호·서행수신호 등 상당한 방호조치를 할 것

다. 서행수신호를 미리 통고하지 못한 때에는 서행수신호를 현시한 지점의 외방으로부터 상당한 거리에 신호뇌관을 장치할 것

라. 서행구역의 시작지점에 서행수신호를 현시하고 서행구역이 끝나는 지점에 진행수신호를 현시할 것

해설 철도차량운전규칙 제94조(선로지장시의 수신호) 제1호: 열차 고장으로 인하여 도중에 열차가 정지하여 다른 열차를 정지시켜야 할 경우에는 이에 대한 폭음신호 · 정지수신호 등 상당한 방호조치를 할 것

[제94조 선로지장 시의 수신호]

선로에서의 정상 운행이 어려워 열차를 정지 또는 서행시켜야 하는 경우로서 임시신호기에 의할 수 없을 때에는 수신호로 방호한다. 다만, 열차 무선전화로 열차를 정지 또는 서행시키는 조치를 한 때에는 이를 생략할수 있다.

1. 정지시켜야 하는 경우
   - 가. 지장지점의 외방 200미터 이상의 지점에 정지 수신호를 현시하여야 하며, 미리 통고를 하지 못한 때에는 정지수신호 현시지점의 외방 상당한 거리에 폭음신호 현시를 위한 신호뇌관을 장치할 것
   - 나. 열차 고장으로 인하여 도중에 열차가 정지하여 다른 열차를 정지시켜야 할 경우에는 이에 대한 폭음신호 · 정지 수신호 등 상당한 방호조치를 할 것

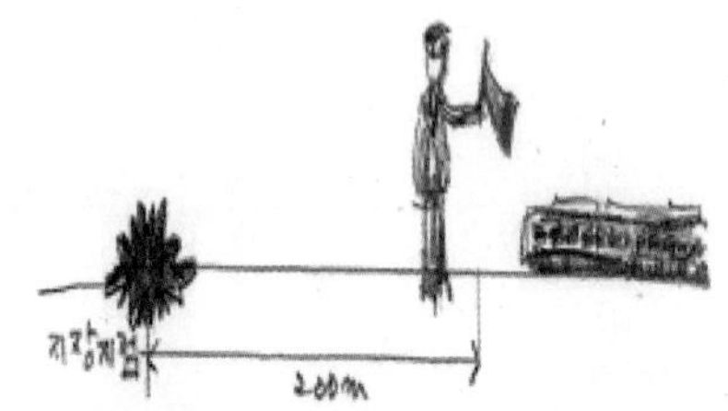

2. 서행시켜야 하는 경우

가. 서행구역의 시작지점에 서행수신호를 현시하고 서행구역이 끝나는 지점에 진행수신호를 현시할 것

나. 가목의 규정에 의한 수신호를 미리 통고하지 못한 때에는 서행수신호를 현시한 지점의 외방으로부터 상당한 거리에 신호뇌관을 장치할 것

2. 서행시켜야 하는 경우

가. 서행구역의 시작지점에 서행수신호를 현시하고 서행구역이 끝나는 지점에 진행수신호를 현시할 것

나. 가목의 규정에 의한 수신호를 미리 통고하지 못한 때에는 서행수신호를 현시한 지점의 외방으로부터 상당한 거리에 신호뇌관을 장치할 것

예제 **선로에서의 정상운행이 어려워 열차를 정지 또는 서행시켜야 하는 경우로서 임시신호기에 의할 수 없을 때의 방호 조치가 적절하지 않은 것은?**

가. 정지시켜야 하는 경우: 지장지점의 외방 200미터 이상의 지점에 정지수신호를 현시하여야 하며, 미리 통고를 하지 못한 때에는 정지수신호 현시지점의외방 상당한 거리에 폭음신호 현시를 위한 신호뇌관을 장치할 것

나. 정지시켜야 하는 경우: 열차 고장으로 인하여 도중에 열차가 정지하여 다른 열차를 정지시켜야 할 경우에는 이에 대한 폭음신호·정지수신호 등 상당한 방호조치를 할 것

다. 서행시켜야 하는 경우: 서행구역의 시작지점에 진행수신호를 현시하고 서행구역이 끝나는 지점에 정지수신호를 현시할 것

라. 서행시켜야 하는 경우: 신호를 미리 통고하지 못한 때에는 서행수신호를 현시한 지점의 외방으로부터 상당한 거리에 신호뇌관을 장치할 것

해설 철도차량운전규칙 제94조(선로지장시의 수신호) 제2호: 서행구역의 시작지점에 서행 수신호를 현시하고 서행구역이 끝나는 지점에 진행수신호를 현시할 것

제5절 특수신호

제95조(폭음신호)

① 기상상태로 정지신호를 확인하기 곤란한 경우 또는 예고하지 아니한 지점에 열차를 정지시키는 경우에는 신호뇌관의 폭음으로 정지신호를 현시하여야 한다. 다만, 지하구간에서는 이를 생략할 수 있다.

예제 **기상상태로 [ ]를 확인하기 곤란한 경우 또는 [ ]에 열차를 정지시키는 경우에는 [ ]으로 [ ]를 현시하여야 한다**

정답 정지신호, 예고하지 아니한 지점, 신호뇌관의 폭음으로, 정지신호

② 제1항의 규정에 의한 신호뇌관은 상당한 거리를 두고 2개 이상 장치하여야 한다.

예제 신호뇌관은 상당한 거리를 두고 [   ] 장치하여야 한다.

정답 2개 이상

예제 기상상태 등으로 정지신호를 확인하기 곤란할 때의 특수신호방식은?

가. 신호염관 **나. 신호뇌관**

다. 비상전호 라. 수신호

해설 철도차량운전규칙 제95조(폭음신호) 제1항: 신호뇌관이 맞다.

신호뇌관 및 폭음신호

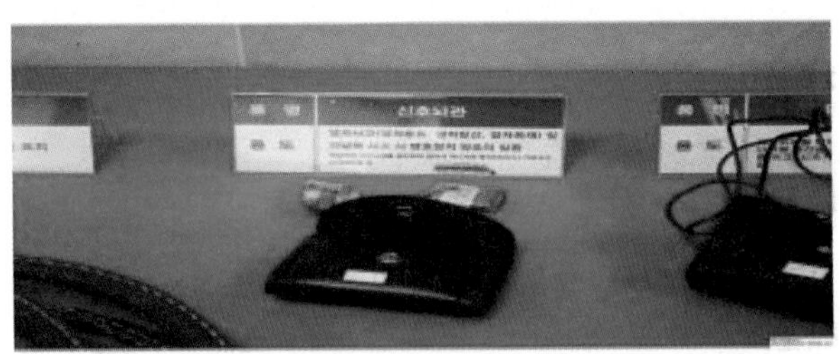

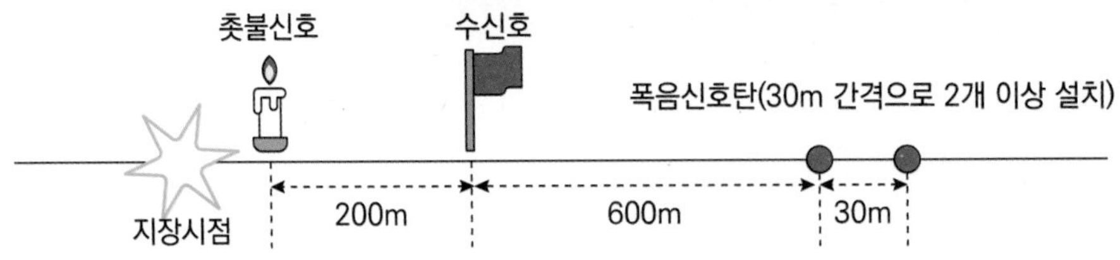

예제 다음 중 기상상태로 정지신호를 확인하기 곤란하거나 예고하지 아니한 지점에 열차를 정지시킬 때의 신호방식은?

가. 전호 나. 상치신호

다. 수신호 **라. 폭음신호**

해설 철도차량운전규칙 제95조(폭음신호) 제1항: 기상상태로 정지신호를 확인하기 곤란한 경우 또는 예고하지 아니한 지점에 열차를 정지시키는 경우에는 신호뇌관의 폭음으로 정지신호를 현시하여야 한다.

예제 특수신호에 대한 설명 중 틀린 것은?

가. 폭음신호는 지하구간에서 이를 생략할 수 있다.

나. 신호뇌관은 상당한 거리를 두고 2개 이상 장치하여야 한다.

다. 폭음신호는 정지대상 열차 외의 다른 열차가 오인하지 아니하도록 장치하여야 한다.

라. 특수신호에 의한 정지신호의 현시가 있을 때에는 즉시 열차 또는 차량을 정지하여야 한다.

해설 철도차량운전규칙 제95조(폭음신호): '폭음신호는 정지대상 열차 외의 다른 열차가 오인하지 아니하도록 장치하여야 한다.'는 해당되지 않는다.

예제 다음 중 특수신호에 관한 설명으로 틀린 것은?

가. 폭음신호는 기상상태로 정지신호를 확인하기 곤란한 경우 또는 예고하지 아니한 지점에 열차를 정지시키는 경우에 신호뇌관의 폭음으로 정지신호를 현시하는 것이다.

나. 폭음신호를 현시하기 위한 신호뇌관은 상당거리를 두고 1개 이상 장치하여야 한다.

다. 화염신호는 예고하지 않은 지점에 열차를 정지시킬 경우에 신호염관의 적색 화염으로 정지신호를 현시하는 것이다.

라. 특별신호에 의한 정지신호의 현시가 있을 때에는 즉시 열차 또는 차량을 정지하여야 한다.

해설 철도차량운전규칙 제95조(폭음신호) 제1항 기상상태로 정지신호를 확인하기 곤란한 경우 또는 예고하지 아니한 지점에 열차를 정지시키는 경우에는 신호뇌관의 폭음으로 정지신호를 현시하여야 한다. 신호뇌관은 상당한 거리를 두고 2개 이상 장치하여야 한다.

제96조(화염신호)

① 예고하지 아니한 지점에 열차를 정지시킬 경우에는 신호염관의 적색화염으로 정지신호를 현시하여야 한다.

② 제1항의 규정에 의한 화염신호는 정지대상 열차 외의 다른 열차가 오인하지 아니하도록 장치하여야 한다.

제97조(특별신호에 의한 정지신호)

특별신호에 의한 정지신호의 현시가 있을 때에는 즉시 열차 또는 차량을 정지하여야 한다.

신호뇌관 및 폭음신호

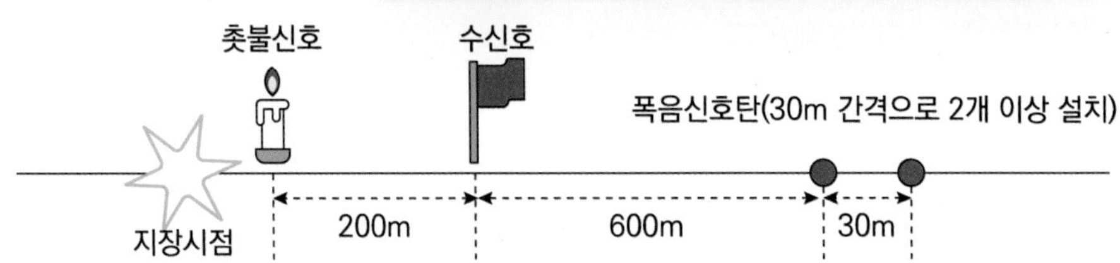

예제 다음 중 특수신호의 종류로 맞는 것은?

가. 화염신호 · 유도신호
나. 폭음신호 · 정지수신호
다. 화염신호 · 서행수신호
라. 폭음신호 · 화염신호

해설 철도차량운전규칙에서 정하는 특수신호는 폭음신호와 화염신호가 있다.

제6절 전호

제98조(전호현시)

열차 또는 차량에 대한 전호는 전호기로 현시하여야 한다. 다만, 전호기가 설치되어 있지 아니하거나 고장이 난 경우에는 수전호 또는 무선전화기로 현시할 수 있다.

예제 **전호기가 설치되어 있지 아니하거나 고장이 난 경우에는 [ ] 또는 [ ]로 현시할 수 있다.**

정답 수전호, 무선전화기

제99조(출발전호)

열차를 출발시키고자 할 때에는 출발전호를 하여야 한다.

예제 **열차를 [ ]시키고자 할 때에는 [ ]를 하여야 한다.**

정답 출발, 출발전호

제100조(기적전호)

다음 각 호의 어느 하나에 해당하는 경우에는 기관사는 기적전호를 하여야 한다.

1. 위험을 경고하는 경우
2. 비상사태가 발생한 경우

예제 **다음 경우에 기관사는 기적전호를 하여야 한다.**

1. [ ]하는 경우
2. [ ]가 발생한 경우

정답 위험을 경고, 비상사태

[기관사가 기적전호를 해야 할 경우]

1. 위험을 경고하는 경우
2. 비상사태가 발생한 경우

예제 **다음 중 전호 및 표지에 관한 설명 중 틀린 것은?**

가. 열차 또는 차량에 대한 전호는 전호기로 현시하여야 한다.

나. 열차를 운행 중 비상사태가 발생한 경우 비상전호를 하여야 한다.

다. 열차 또는 입환 중인 동력차는 표지를 게시하여야 한다.

라. 열차 또는 차량의 안전운전을 위하여 안전표지를 설치하여야 한다.

해설 철도차량운전규칙 제100조(기적전호): 다음 각 호의 어느 하나에 해당하는 경우에는 기관사는 기적전호를 하여야 한다.

1. 위험을 경고하는 경우
2. 비상사태가 발생한 경우

제101조(입환전호 방법)

① 입환작업자(기관사를 포함한다)는 서로 육안으로 확인할 수 있도록 다음 각 호의 방법으로 입환전호하여야 한다.

1. 오너라 전호

가. 주간: 녹색기를 좌우로 흔든다. 다만, 부득이한 경우에는 한 팔을 좌우로 움직임으로써 이를 대신할 수 있다.
나. 야간: 녹색등을 좌·우로 흔든다.

예제 **오너라 전호는 [ ]를 [ ]로 흔든다.**

정답 녹색기, 좌우

2. 가거라 전호

가. 주간: 녹색기를 상·하로 흔든다. 다만, 부득이 한 경우에는 한팔을 상하로 움직임으로써 이를 대신할 수 있다.

예제 **가거라 전호는 [ ]를 [ ]로 흔든다**

정답 녹색기, 상·하

나. 야간: 녹색등을 위·아래로 흔든다.

3. 정지전호

가. 주간: 적색기. 다만, 부득이한 경우에는 두 팔을 높이 들어 이를 대신할 수 있다.
나. 야간: 적색등

수신호의 현시 방법

전호의 종류	전호방식 (주간)	
1 오너라	녹색기를 좌우로 움직인다	
2. 가거라	녹색기를 상하로 움직인다	
3 정지하라	적색기를 현시한다	

* 천천히가라: 야간: 깜박이는 녹색등

예제 **다음 중 입환전호방식 중 녹색기를 좌우로 흔드는 전호는?**

가. 정지하라 전호 나. 서행하라 전호

다. 가거라 전호 **라. 오너라 전호**

해설 철도차량운전규칙 제101조(입환전호 방법): 오너라 전호: 녹색기를 좌우로 흔든다.

② 제1항에도 불구하고 다음 각 호의 어느 하나에 해당하는 경우에는 무선전화기를 사용하여 입환전호를 할 수 있다.

1. 무인역 또는 1인이 근무하는 역에서 입환하는 경우
2. 1인이 승무하는 동력차로 입환하는 경우
3. 신호를 원격으로 제어하여 단순히 선로를 변경하기 위하여 입환하는 경우
4. 지형 및 선로여건 등을 고려할 때 입환전호하는 작업자를 배치하기가 어려운 경우

예제 **철도차량운전규칙의 전호에 대한 설명으로 틀린 것은?**

가. 무인역에는 무선전화기를 사용하여 입환전호를 사용할 수 있다.

나. 입환전호방법에서 야간의 오너라 전호는 녹색등을 좌·우로 흔든다.

다. 입환전호방법에서 야간의 가거라 전호는 녹색등을 상·하로 흔든다.

라. 지형 및 선로여건 등을 고려할 때 입환전호하는 작업자는 무선전화기를 사용하여 입환전호를 할 수 있다.

해설 철도차량운전규칙 제101조(입환전호 방법) 2항: '지형 및 선로여건 등을 고려할 때 입환전호하는 작업자를 배치하기가 어려운 경우'에 전호를 사용한다.

예제 **철도차량운전규칙의 전호에 대한 설명으로 틀린 것은?**

가. 입환전호방식에서 야간의 정지전호는 녹색등을 흔든다.

나. 입환전호방식에서 야간의 오너라 전호는 녹색등을 좌, 우로 흔든다.

다. 열차 또는 차량에 대한 전호는 전호기로 현시하여야 하나 전호기가 설치되어 있지 아니하거나 고장이 난 경우에는 수전호 또는 무선전화기로 현시할 수 있다.

라. 가거라 전호 시 야간에는 녹색등을 위·아래로 흔든다.

해설 철도차량운전규칙 제101조(입환전호 방법): 입환전호방식에서 야간의 정지전호는 적색등을 흔든다. 오너라 전호 시 야간에는 녹색등을 좌·우로 흔든다.

제102조(작업전호)

다음 각 호의 어느 하나에 해당하는 때에는 전호의 방식을 정하여 그 전호에 따라 작업을 하여야 한다.

1. 여객 또는 화물의 취급을 위하여 정지위치를 지시할 때
2. 퇴행 또는 추진운전시 열차의 맨 앞 차량에 승무한 직원이 철도차량운전자에 대하여 운전상 필요한 연락을 할 때
3. 검사·수선연결 또는 해방을 하는 경우에 당해 차량의 이동을 금지시킬 때
4. 신호기 취급직원 또는 입환전호를 하는 직원과 선로전환기취급 직원간에 선로전환기의 취급에 관한 연락을 할 때
5. 열차의 관통제동기의 시험을 할 때

[제102조 작업 전호]

다음 경우에는 전호의 방식을 정하여 그 전호(직원상호간의 의사소통, 신호는 지시(명령)에 따라 작업을 하여야 한다.

1. 여객 또는 화물의 취급을 위하여 정지위치를 지시(적색기를 그 지점에 고정시켜 열차를 정지시킨다)할 때(여객열차는 10(10량), 또는 8(8량)이라고 써 있음)
2. 퇴행 또는 추진 운전 시(앞이 안보이므로 무전기로 차장, 부기관사가 타서 연락한다. 지하철에서는 객실에는 대화가 안 들리게 하면서 기관사와 차장간의 연락) 열차의 맨 앞 차량에 승무한 직원이 철도차량운 전자에 대하여 운전상 필요한 연락을 할 때
3. 검사 · 수선연결 또는 해방(해방(분리): 7칸 끌고 가다가 2칸을 남겨놓고 가는 등의 작업)을 하는 경우에 당해 차량의 이동을 금지(이동금지표를 차에다 꽂아놓고 작업)시킬 때
4. 신호기 취급 직원 또는 입환전호를 하는 직원과 선로전환기취급 직원 간에 선로전환기의 취급에 관한 연락을 할 때(선로전환기 취급자, 기관사, 관제사는 신체검사 2년에 1회,10년에 1회 적성검사)
5. 열차의 관통 제동기(앞 차에서 뒤차까지 공기 제동기가 연결된 차, 완급차에서도 활용)의 시험을 할 때

예제 다음 중 전호의 방식을 정하여 그 전호에 따라 작업을 해야 하는 경우로 맞지 않는 것은?

가. 여객 또는 화물의 취급을 위하여 정지위치를 지시할 때

나. 퇴행 또는 추진운전시 열차의 맨 앞 차량에 승무한 직원이 철도차량운전자에 대하여 운전상 필요한 연락을 할 때

다. 열차의 관통제동기 시험을 할 때

라. 사고복구를 위하여 구원열차를 운행하는 때

해설 철도차량운전규칙 제102조(작업전호): 사고복구를 위하여 구원열차를 운행하는 때는 전호에 따라 작업을 해야 하는 경우로 맞지 않는다.

제7절 표지

제103조(열차의 표지)

열차 또는 입환 중인 동력차는 표지를 게시하여야 한다.

예제 열차 또는 [ ]인 동력차는 [ ]를 게시하여야 한다.

정답 입환 중, 표지

제104조(안전표지)

열차 또는 차량의 안전운전을 위하여 안전표지를 설치하여야 한다.

[제7절 표지]

제103조 열차의 표지
열차 또는 입환 중인 동력차는 표지를 게시하여야 한다.

제104조 안전표지
열차 또는 차량의 안전운전을 위하여 안전표지를 설치하여야 한다.

※ 안전표지: 색과 모양으로 안전성에 대한 내용을 전달하는 표지판

부칙

<국토교통부령 제575호, 2019. 1. 2.>
이 규칙은 공포한 날부터 시행한다.

제7장

철도차량운전규칙
주관식 핵심문제 총정리

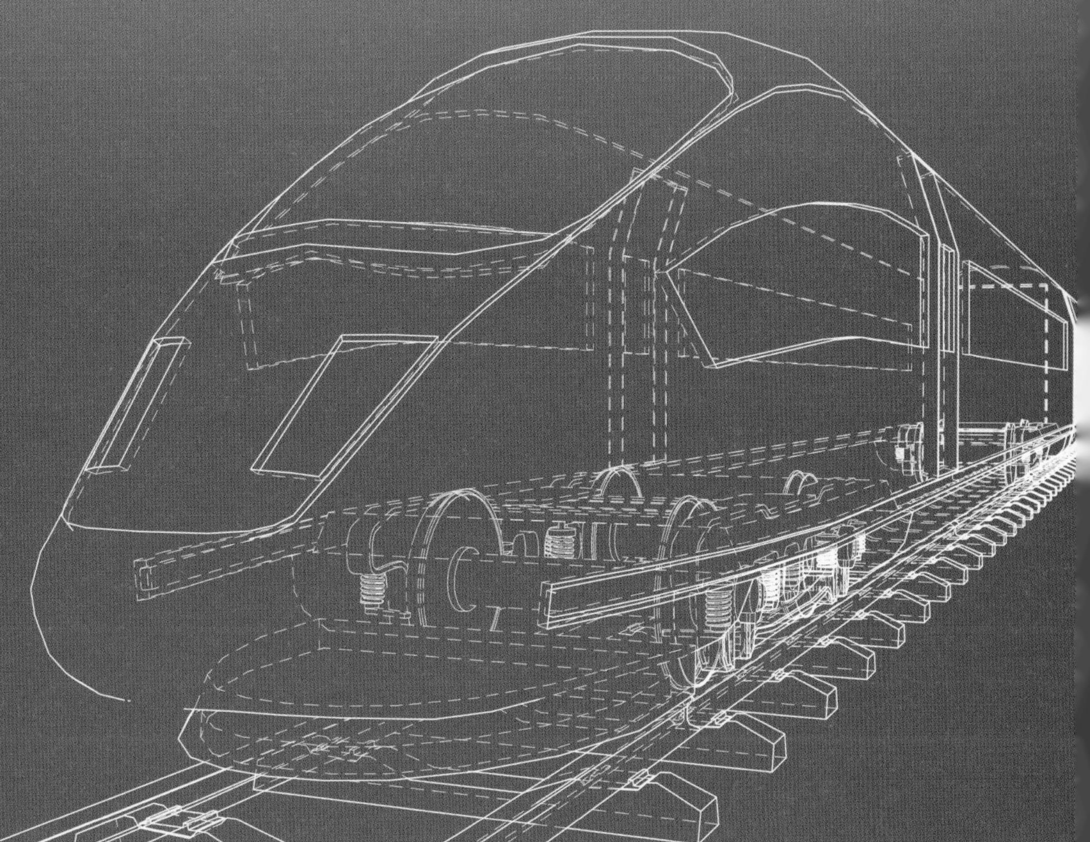

철도차량운전규칙 주관식 핵심문제 총정리

제1조(목적)

예제 이 규칙은 [ ] [ ]의 규정에 의하여 [ ], [ ] 등 철도차량의 [ ]에 관하여 필요한 사항을 정함을 목적으로 한다.

정답 철도안전법, 제39조, 열차의 편성, 철도차량의 운전 및 신호방식, 안전운행

제2조(정의)

1. "정거장"

예제 [ ]이란 여객의 승하차(여객 이용시설 및 편의시설을 포함한다), [ ], [ ](철도차량을 연결하거나 분리하는 작업을 말한다), [ ] 또는 대피를 목적으로 사용되는 장소를 말한다.

정답 정거장, 화물의 적하, 열차의 조성, 열차의 교차통행

2. "본선"

예제 "본선"이라 함은 열차의 운전에 [ ]하는 [ ]를 말한다.

정답 상용, 선로

3. "측선"

예제 "측선"이라 함은 [ ]이 아닌 [ ]를 말한다.

정답 본선, 선로

4. "철도차량"

예제 "철도차량"이라 함은 [ ], [ ], [ ] 및 [ ](제설차, 궤도시험차, 전기시험차, 사고구원차 그 밖에 특별한 구조 또는 설비를 갖춘 철도차량을 말한다)를 말한다.

정답 동력차, 객차, 화차, 특수차

5. "열차"

예제 "열차"라 함은 [ ]을 운행할 목적으로 [ ]된 철도차량을 말한다.

정답 본선, 조성

6. "차량"

예제 "차량"이라 함은 [ ]의 [ ]이 되는 [ ]의 철도차량을 말한다.

정답 열차, 구성부분, 1량

7. "전차선로"

예제 "전차선로"라 함은 [ ] 및 이를 [ ]하는 [ ]을 말한다.

정답 전차선, 지지, 공작물

8. "완급차"

예제 "완급차"라 함은 [ ], [ ], [ ] 및 [ ]를 장치한 차량으로서 열차승무원이 집무할 수 있는 차실이 설비된 객차 또는 화차를 말한다.

정답 관통제동기용 제동통, 압력계, 차장변, 수제동기

9. "철도신호"

예제 "철도신호"라 함은 [ ], · [ ] 및 [ ]를 말한다.

정답 신호, 전호, 표지

10. "진행지시신호"

예제 "진행지시신호"라 함은 [ ], [ ], [ ], [ ], [ ] 및 [ ](정지신호를 제외한다) 등 차량 주의신호 ,의 진행을 지시하는 신호를 말한다.

정답 진행신호, 감속신호, 주의신호, 경계신호, 유도신호, 차내신호

11. "폐색"

예제 "폐색"이라 함은 일정 구간에 [ ]의 열차를 운전시키지 아니하기 위하여 그 구간을 [ ]의 운전에만 [ ]시키는 것을 말한다.

정답 동시에 2 이상, 하나의 열차, 점용

12. "구내운전"

예제 구내운전이라 함은 [ ] 또는 [ ]에서 [ ]에 의하여 열차 또는 차량을 운전하는 것을 말한다.

정답 정거장 내, 차량기지 내, 입환신호

13. "입환"

예제 "입환"이라 함은 [ ]에 의하거나 동력차를 사용하여 차량을 [ ] 또는 [ ]하는 작업을 말한다.

정답 사람의 힘, 이동 · 연결, 분리

14. "조차장"

예제 "조차장"이라 함은 차량의 [ ] 또는 열차의 [ ]을 위하여 사용되는 장소를 말한다.

정답 입환, 조성

15. "신호소"

예제 신호소라 함은 [ ] 등 [ ]을 조작 · 취급하기 위하여 설치한 장소를 말한다.

정답 상치신호기, 열차제어시스템

16. "동력차"

예제 "동력차"라 함은 [ ], [ ], [ ] 등 동력발생장치에 의하여 선로를 이동하는 것을 목적으로 제조한 철도차량을 말한다.

정답 기관차, 전동차, 동차

17. “무인운전”

예제 “무인운전” 이란 사람이 [ ]에서 [ ]하지 아니하고 [ ]에서의 [ ]에 따라 열차가 [ ]으로 운행되는 방식을 말한다.

정답 열차 안, 직접운전, 관제실, 원격조종, 자동

제7조(열차에 탑승하여야 하는 철도종사자)

예제 열차에는 철도차량운전자와 열차에 [ ]하여 여객에 대한 안내, [ ], [ ] 또는 [ ]하는 업무를 수행하는 자를 탑승시켜야 한다

정답 승무, 열차의 방호, 제동장치의 조작, 각종 전호를 취급

제8조(차량의 적재 제한 등)

예제 차량에 화물을 [ ]할 경우에는 [ ]와 [ ] 등을 고려하여 허용할 수 있는 [ ]을 초과하지 아니하도록 하여야 한다.

정답 적재, 차량의 구조, 설계강도, 최대적재량

예제 열차의 안전운행에 필요한 조치를 하고 차량한계 및 건축한계를 초과하는 화물을 운송하는 경우에는 [ ]를 초과하여 화물을 운송할 수 있다.

정답 차량한계

제10조(열차의 최대연결차량수 등)

예제 열차의 최대연결차량수는 이를 조성하는 [ ], 차량의 성능, 차체(Frame) 등 [ ] 및 [ ]와 [ ]에 따라 이를 정하여야 한다.

정답 동력차의 견인력, 차량의 구조, 연결장치의 강도, 운행선로의 시설현황

제13조(열차의 운전위치)

예제 열차는 [ ]의 운전실에서 운전하여야 한다.

정답 운전방향 맨 앞 차량

예제 [ ], [ ] 또는 [ ]를 운전하는 경우 운전방향 맨 앞 차량의 운전실 [ ] 열차를 운전할 수 있다.

정답 공사열차, 구원열차, 제설열차, 외에서도

제14조(열차의 제동장치)

예제 2량 이상의 차량으로 조성하는 열차에는 모든 차량에 [ ]하여 작용하고 차량이 [ ]되었을 때 [ ]으로 차량을 [ ]시킬 수 있는 제동장치를 구비하여야 한다.

정답 연동, 분리, 자동, 정차

제15조(열차의 제동력)

예제 철도운영자등은 [ ]에 대한 [ ]의 [ ](이하 "제동축 비율"이라 한다)이 [ ]이 되도록 열차를 조성하여야 한다.

정답 연결 축수, 제동축수, 비율, 100

제16조(완급차의 연결)

예제 관통제동기를 사용하는 열차의 [ ](추진운전의 경우에는 맨 앞)에는 [ ]를 연결하여야 한다. 다만, [ ]에는 완급차를 연결하지 아니할 수 있다.

정답 맨 뒤, 완급차, 화물열차

제17조(제동장치의 시험)

예제 열차를 [ ]하거나 열차의 [ ]한 경우에는 당해 열차를 운행하기 전에 [ ]를 시험하여 정상작동여부를 확인하여야 한다.

정답 조성, 조성을 변경, 제동장치

제18조(철도신호와 운전의 관계)

예제 철도차량은 [ ]·[ ] 및 [ ]가 표시하는 조건에 따라 운전하여야 한다.

정답 신호, 전호, 표지

제19조(정거장의 경계)

예제 철도운영자등은 정거장 내·외에서 [ ]을 달리하는 경우 이를 [ ]하여 운영하고 그 [ ]과 [ ]을 지정하여야 한다.

정답 운전취급, 내·외로 구분, 경계지점, 표시방식

제20조(열차의 운전방향 지정 등)

예제 [ ]·[ ] 또는 [ ]를 운전할 때는 지정된 선로의 반대선로로 열차를 운행할 수 있다.

정답 공사열차, 구원열차, 제설열차

예제 정거장과 그 정거장 외의 [ ]에서 분기하는 [ ]를 운전할 때는 반대선로로 열차를 운행할 수 있다.

정답 본선 도중, 측선과의 사이

제21조(정거장외 본선의 운전)

예제 차량은 이를 [ ]로 하지 아니하면 [ ]을 운전할 수 없다. 다만, [ ]을 하는 경우에는 그러하지 아니하다.

정답 열차, 정거장 외의 본선, 입환작업

제22조(열차의 정거장 외 정차금지)

예제 경사도가 [ ] 이상인 급경사 구간에 진입하기 전의 경우에는 열차를 정지했다 운행할 수 있다.

정답 1000분의 30

제24조(운전정리)

예제 철도사고등의 발생 등으로 인하여 열차가 지연되어 열차의 [ ]의 변경이 발생하여 열차운행상 혼란이 발생한 때에는 열차의 [ ], [ ], [ ] 등을 고려하여 [ ]를 행하고, 정상운전으로 복귀되도록 하여야 한다.

정답 운행일정, 종류, 등급, 목적지 및 연계수송, 운전정리

제25조(열차 출발시의 사고방지)

예제 철도운영자 등은 열차를 출발시키는 경우 [ ]이 [ ], [ ] 등을 확인하는 등 여객의 안전을 확보할 수 있는 조치를 하여야 한다.

정답 여객, 객차의 출입문에 끼었는지의 여부, 출입문의 닫힘 상태

제26조(열차의 퇴행 운전)

예제 공사열차 · [ ] 또는 [ ]가 작업상 퇴행할 필요가 있는 경우에는 퇴행이 가능하다.

정답 구원열차, 제설열차

제28조(열차의 동시 진출 · 입 금지)

예제 2 이상의 열차가 정거장에 [ ]하거나 정거장으로부터 [ ]하는 경우로서 열차 상호간 [ ]가 있는 경우에는 [ ]를 [ ]에 정거장에 진입시키거나 진출시킬 수 없다.

정답 진입, 진출, 그 진로에 지장을 줄 염려, 2 이상의 열차, 동시

제31조(구원열차 요구 후 이동금지)

예제 철도사고등의 발생으로 인하여 [ ]에서 열차가 정차하여 [ ]를 요구하였거나 [ ] 운전의 통보가 있는 경우에는 당해 열차를 [ ]

정답 정거장외, 구원열차, 구원열차, 이동하여서는 아니된다.

예제 철도종사자는 제1항 단서의 규정에 의하여 차량을 이동시키는 경우에는 지체없이 [ ]와 [ ] 또는 [ ]에게 그 [ ]과 [ ]를 통보하여야 하며, [ ]시킨 때에는 [ ] 등 안전조치를 취하여야 한다.

정답 구원열차의 운전자, 관제업무종사자, 차량운전취급책임자, 이동내용, 이동사유, 상당거리를 이동, 정지수신호

제32조(화재발생시의 운전)

예제 열차에 화재가 발생한 경우에는 (1)[ ]를 하고 (2)[ ] (3)[ ]시키는 등의 필요한 조치를 하여야 한다.

정답 조속히 소화의 조치, 여객을 대피시키거나, 화재가 발생한 차량을 다른 차량에서 격리

예제 열차에 화재가 발생한 장소가 [ ] 또는 [ ] 안인 경우에는 우선 철도차량을 [ ] 또는 [ ] 운전하는 것을 원칙으로 한다.

정답 교량, 터널, 교량, 터널 밖으로

예제 지하구간인 경우에는 [ ] 또는 [ ] 운전하는 것을 원칙으로 한다.

정답 가장 가까운 역, 지하구간 밖으로

제32조의2(무인운전 시의 안전확보 등)

예제 철도종사자는 차량을 차고에서 출고하기 전 또는 무인운전 구간으로 진입하기 전에 운전 방식을 [ ]로 전환하고, 무인운전 [ ]로부터 무인운전 [ ]을 확인받을 것

정답 무인운전 모드(mode), 관제업무종사자, 기능

예제 무인운전 관제업무종사자는 열차가 정거장의 [ ]한 경우 다음 각 목의 조치를 할 것

가. [ ]의 해당 정거장 [ ]
나. 철도운영자등이 [ ]를 해당 열차에 [ ]시켜 [ ]으로 열차를 [ ]으로 이동
다. 나목의 조치가 어려운 경우 해당 열차를 [ ]으로 재출발

정답 정지선을 지나쳐서 정차, 후속 열차, 진입 차단, 지정한 철도종사자, 탑승, 정지선, 다음 정거장

제33조(특수목적열차의 운전)

예제 철도운영자등은 [ ] 목적으로 열차의 운행이 필요한 경우에는 당해 [ ]의 [ ]을 수립·시행하여야 한다.

정답 특수한, 특수목적열차, 운행계획

제34조(열차의 운전 속도)

예제 열차는 [ ], [ ], [ ], [ ] 등에 따라 안전한 속도로 운전하여야 한다

정답 선로 및 전차선로의 상태, 차량의 성능, 운전방법, 신호의 조건

예제 철도운영자등은 다음 각 호를 고려하여 선로의 [ ] 및 [ ]로 열차의 [ ]를 정하여 운용하여야 한다.

정답 노선별, 차량의 종류별, 최고속도

제37조(열차 또는 차량의 진행)

예제 열차 또는 차량은 진행을 [ ]하는 [ ]가 현시된 때에는 [ ] 지시에 따라 [ ]로 그 지점을 지나 [ ]가 있는 [ ]까지 진행할 수 있다.

정답 지시, 신호, 신호종류 별, 지정속도 이하, 다음 신호, 지점

제38조(열차 또는 차량의 서행)

예제 열차 또는 차량이 서행해제신호가 있는 지점을 통과한 때에는 [   ]로 운전할 수 있다.

정답 정상속도

제39조(입환)

예제 철도운영자등은 [   ]을 하려면 다음 각 호의 사항을 포함한 [   ]를 작성하여 [   ], [   ], [   ]에게 배부하고 입환작업에 대한 [   ]을 실시하여야 한다.

정답 입환작업, 입환작업계획서, 기관사, 운전취급담당자, 입환작업자, 교육

제40조(선로전환기의 쇄정 및 정위치 유지)

예제 선로전환기는 이와 관계된 신호기와 그 진로 내의 선로전환기를 [   ]하여 사용하여야 한다. 다만, [   ]되어 있는 선로전환기 또는 취급회수가 극히 적은 [   ]의 선로전환기의 경우에는 그러하지 아니하다.

정답 연동쇄정, 상시 쇄정, 배향

예제 쇄정되지 아니한 선로전환기를 [   ]으로 통과할 때에는 쇄정기구를 사용하여 [   ]을 쇄정하여야 한다.

정답 대향, 텅레일(Tongue Rail)

제43조(정거장외 입환)

예제 다른 열차가 인접정거장 또는 신호소를 출발한 후에는 그 열차에 대한 [ ]의 [ ]을 할 수 없다.

정답 장내신호기, 바깥쪽에 걸친 입환

제46조(열차 간의 안전 확보)

예제 열차 간의 안전을 확보할 수 있는 운전방법

1. [ ]에 의한 방법
2. 제66조의 규정에 의한 열차 간의 [ ]을 확보하는 장치(이하 "[ ]"라 한다)에 의한 방법
3. [ ]운전에 의한 방법

정답 폐색, 간격, 자동열차제어장치, 시계

제48조(폐색에 의한 방법)

예제 폐색에 의한 방법을 사용하는 경우에는 당해 열차의 진로 상에 있는 [ ]에 따라 신호를 현시하거나 다른 열차의 [ ]할 수 있어야 한다.

정답 폐색구간의 조건, 진입을 방지

제49조(폐색에 의한 열차 운행)

예제 폐색에 의한 방법으로 열차를 운행하는 경우에는 [ ]을 [ ]으로 분할하여야 한다.

정답 본선, 폐색구간

제50조(폐색방식의 구분)

예제 상용폐색방식에는 [ ], ·[ ], [ ], [ ]이 있다.

정답 자동폐색식, 연동폐색식, 차내신호폐색식, 통표폐색식 (자연내통)

예제 대용폐색방식에는 [ ], [ ], [ ]이 있다.

정답 통신식, 지도통신식, 지도식

제51조(자동폐색장치의 구비조건)

예제 폐색구간에 열차 또는 차량이 있을 때에는 자동으로 [ ]를 현시할 것

정답 정지신호

제52조(연동폐색장치의 구비조건)

예제 연동폐색식을 시행하는 [ ] [ ]의 정거장 또는 신호소에는 [ ]를 설치한다.

정답 폐색구간, 양끝, 연동폐색기

예제 열차가 폐색구간에 있을 때에는 그 구간의 [ ]에 [ ]을 지시하는 신호를 현시할 수 [ ]

정답 신호기, 진행, 없을 것

제53조(열차를 연동폐색구간에 진입시킬 경우의 취급)

예제 열차를 폐색구간에 진입시키고자 하는 때에는 [ ]의 표시를 확인하고 전방의 [ ]의 승인을 얻어야 한다.

정답 "열차폐색구간에 없음", 정거장 또는 신호소

제58조(열차를 통신식 폐색구간에 진입시킬 경우의 취급)

예제 열차를 통신식 폐색구간에 진입시키려 하는 경우에는 [ ] 또는 [ ]의 승인을 얻어야 한다.

정답 관제업무종사자, 차량운전취급책임자

제59조(지도통신식의 시행)

예제 지도통신식을 시행하는 구간에는 [ ] [ ] 또는 [ ]를 사용하여 서로 [ ]한 후 시행한다.

정답 폐색구간, 양끝의 정거장, 신호소의 통신설비, 협의

예제 지도표는 [ ]폐색구간에 [ ]매로 한다.

정답 1, 1

제60조(지도표와 지도권의 사용구별)

예제 지도통신식을 시행하는 구간에서 동일 방향의 [ ]으로 진입시키고자 하는 열차가 [ ] 경우에는 [ ]를 교부한다.

정답 폐색구간, 하나뿐인, 지도표

예제 연속하여 [ ]의 열차를 동일 방향의 폐색구간으로 진입시키고자 하는 경우에는 [ ]에 대하여는 [ ]를, 나머지 열차에 대하여는 [ ]을 교부한다.

정답 2 이상, 최후의 열차, 지도표, 지도권

제61조(열차를 지도통신식 폐색구간에 진입시킬 경우의 취급)

예제 열차를 지도통신식 폐색구간에 진입시킬 경우에 [ ] 또는 [ ]을 휴대하지 아니하면 그 구간을 운전할 수 없다. 다만, [ ]가 있는 폐색구간에 [ ]를 운전하는 경우 등 특별한 사유가 있는 경우에는 그러하지 아니하다.

정답 지도표, 지도권, 고장열차, 구원열차

제62조(지도표 · 지도권의 기입사항)

예제 지도표에는 그 구간 [ ]의 [ ], · [ ] 및 [ ]를 기입하여야 한다.

정답 양끝, 정거장명, 발행일자, 사용열차번호

예제 지도권에는 [ ], [ ], [ ] 및 [ ]를 기입하여야 한다.

정답 사용구간, 사용열차, 발행일자, 지도표 번호

제63조(지도식의 시행)

예제 지도식은 철도사고등의 수습 또는 선로보수공사 등으로 현장과 [ ] 또는 신호소 간을 [ ]으로 하여 열차를 운전하는 경우에 [ ]를 운전할 필요가 [ ] 한하여 시행한다.

정답 가장 가까운 정거장, 1폐색구간, 후속열차, 없을 때에

예제 전령법은 [ ]의 하나이다.

전령법은 [ ]의 [ ] 및 [ ]을 사용할 수 없을 경우에 이에 준하여 열차의 [ ]하는 열차 운행 방법이다.

정답 폐색준용법, 응급적인 열차, 상용폐색, 대용폐색, 안전을 도모

第65조(자동열차제어장치에 의한 방법)

예제 열차 간의 [ ]을 [ ]으로 확보하는 자동열차제어장치는 운행하는 열차와 동일 진로상의 다른 열차와의 [ ] 및 [ ] 등의 조건에 따라 [ ]으로 당해 열차를 [ ]시키거나 [ ]시킬 수 있는 것이어야 한다.

정답 간격, 자동, 간격, 선로, 자동적, 감속, 정지

第67조(지상제어식(ATS) 자동열차제어장치의 구비조건)

예제 지상제어식 자동열차제어장치의 [ ]는 열차에 대하여 당해 열차의 진로 상에 있는 [ ] 또는 [ ]에 따라 [ ]를 지시하는 제어정보를 연속하여 전송하여야 한다.

정답 지상설비, 선행열차와의 간격, 선로 등의 조건, 운전속도

第69조(차상제어식 자동열차제어장치(ATC)의 구비조건)

예제 [ ] 자동열차제어장치의 [ ]는 당해 열차를 진입시킬 수 있는 구간의 [ ]을 나타내는 제어정보를 연속하여 전송할 것

정답 차상제어식, 지상설비, 종점(정지목표)

제70조(시계운전에 의한 방법)

예제 시계운전에 의한 방법은 [ ] 또는 [ ]의 고장 등으로 상용폐색 및 대용폐색 외의 방법으로 열차를 운전할 필요가 있는 경우에 한하여 시행하여야 한다.

정답 신호기, 통신장치

예제 철도차량의 운전속도는 전방 [ ] 범위 내에서 열차를 [ ]시킬 수 있는 속도 이하로 운전하여야 한다.

정답 가시거리, 정지

예제 동일 방향으로 운전하는 열차는 [ ]와 충분한 [ ]을 두고 운전하여야 한다.

정답 선행 열차, 간격

제73조(격시법 또는 지도격시법의 시행)

예제 [ ] 또는 [ ]을 시행하는 경우에는 [ ]를 운전시키기 전에 폐색구간에 열차 또는 차량이 [ ] 확인하여야 한다.

정답 격시법, 지도격시법, 최초의 열차, 없음을

예제 격시법은 폐색구간의 [ ] 정거장 또는 신호소의 [ ]가 시행한다.

정답 한 끝에 있는, 차량운전취급책임자

예제 지도격시법은 폐색구간의 [ ] 있는 [ ]의 [ ]가 적임자를 파견하여 상대의 정거장 또는 신호소 [ ]와 협의한 후 이를 시행하여야 한다.

정답 한끝에, 정거장 또는 신호소, 차량운전취급책임자, 차량운전취급책임자(역장)

제74조(전령법의 시행)

예제 열차 또는 차량이 [ ]되어 있는 [ ]에 [ ]를 진입시킬 때에는 [ ]에 의하여 운전하여야 한다.

정답 정차, 폐색구간, 다른 열차, 전령법

예제 전령법은 그 [ ]에 있는 정거장 또는 신호소의 [ ]가 [ ]하여 이를 시행하여야 한다.

정답 폐색구간 양끝, 차량운전취급책임자, 협의

제75조(전령자)

예제 전령자는 [ ]구간 [ ]에 한한다.

정답 1폐색, 1인

예제 전령자는 [ ]에 [ ]로 전령자임을 표시한 [ ]을 착용하여야 한다.

정답 흰 바탕, 붉은 글씨, 완장

제76조(철도신호)

예제 신호는 [ ]·[ ]또는 [ ] 등으로 열차나 차량에 대하여 [ ]을 지시하는 것으로 할 것

정답 모양, 색, 소리, 운행의 조건

예제 전호는 [ ]·[ ] 또는 [ ] 등으로 [ ]에 [ ]하는 것으로 할 것

정답 모양, 색, 소리, 관계 직원 상호간, 의사를 표시

예제 표지는 [ ] 또는 [ ] 등으로 물체의 [ ]·[ ]·[ ] 등을 표시하는 것으로 할 것

정답 모양, 색, 위치, 방향, 조건

제77조(주간 또는 야간의 신호)

예제 일출부터 일몰까지의 사이에도 기상상태에 의하여 [ ]로부터 주간의 방식에 의한 [ ]·[ ] 또는 [ ]를 확인하기 곤란할 때에는 [ ]에 의한다.

정답 상당한 거리, 신호, 전호, 표지, 야간의 방식

제79조(제한신호의 추정)

예제 신호를 현시할 소정의 장소에 신호의 [ ]가 없거나 그 현시가 [ ]하지 아니할 때에는 [ ]의 현시가 있는 것으로 본다.

정답 현시, 정확, 정지신호

예제 상치신호기 또는 임시신호기와 수신호가 각각 [ ]를 현시한 때에는 그 운전을 [ ] 신호의 현시에 의하여야 한다.

정답 다른 신호, 최대로 제한하는

제81조(상치신호기)

예제 상치신호기는 [ ]에서 [ ] 또는 [ ]에 의하여 열차 또는 차량의 [ ]을 지시하는 신호기를 말한다.

정답 일정한 장소, 색등, 등열, 운전조건

예제 장내신호기는 [ ]에 [ ]하려는 열차에 대하여 신호를 현시하는 것

정답 정거장, 진입

예제 출발신호기는 [ ]을 [ ]하려는 열차에 대하여 신호를 현시하는 것

정답 정거장, 진출

예제 폐색신호는 [ ]에 [ ]하려는 열차에 대하여 신호를 현시하는 것

정답 폐색구간, 진입

예제 엄호신호는 특히 [ ]를 요하는 지점을 [ ]에 대하여 [ ]를 현시하는 것

정답 방호, 통과하려는 열차, 신호

예제 유도신호는 [ ]에 [ ]의 현시가 있는 경우 [ ]를 받을 열차에 대하여 [ ]를 현시하는 것

정답 장내신호기, 정지신호, 유도, 신호

예제 입환신호기는 [ ] 또는 [ ]을 시행하는 구간의 [ ]에 대하여 신호

정답 입환차량, 차내신호폐색식, 열차

예제 원방신호기는 [ ], · [ ] 및 [ ]에 종속하여 열차에 대하여 [ ]가 현시하는 신호의 [ ]를 현시하는 것

정답 장내신호기, 출발 신호기, 폐색신호기, 주신호기, 예고신호

예제 출발신호기에 [ ]하여 정거장에 [ ]에 대하여 [ ]가 현시하는 신호를 [ ]하며, [ ]에 대한 [ ]를 현시하는 것

정답 종속, 진입하는 열차, 신호기, 예고, 정거장을 통과할 수 있는지의 여부, 신호

예제 중계신호기는 [ ], [ ]및 [ ]에 종속하여 열차에 대하여 [ ]가 현시하는 신호를 [ ]하는 신호를 현시하는 것

정답 장내신호기, 출발신호기, 폐색신호기, 주신호기, 중계

제83조(차내신호)

예제 15신호는 [ ]에 의하여 [ ]한 열차에 대한 신호로서 [ ]의 속도로 운전하게 하는 신호이다.

정답 정지신호, 정지, 1시간에 15킬로미터 이하

예제 야드신호는 [ ]에 대한 신호로서 [ ] 이하의 속도로 운전하게 하는 신호이다.

정답 입환차량, 1시간에 25킬로미터

제84조(신호현시방식)

예제 5현시 경계신호는 상위 [ ], 하위 [ ]이다.

정답 등황색등, 등황색등

예제 4현시와 5현시 감속신호는 각각 상위 [ ], 하위 [ ]이다.

정답 등황색등, 녹색등

예제 유도신호기의 신호현시방식은 [ ]·[ ] [ ]이다.

정답 좌, 하향, 45도

제85조(신호현시의 정위)

예제 엄호신호기는 [ ]가 정위이다.

정답 정지신호

예제 유도신호기의 정위는 신호를 [ ].

정답 현시하지 아니한다.

예제 원방신호기의 정위는 [ ]이다.

정답 주의신호

예제 자동폐색신호기 및 반자동폐색신호기는 [ ]을 지시하는 [ ]를 현시함을 [ ]로 한다. 다만, [ ]의 경우에는 [ ]를 현시함을 [ ]로 한다.

정답 진행, 신호, 정위, 단선구간, 정지신호, 정위

예제 차내신호기는 [ ]를 현시함을 [ ]로 한다.

정답 진행신호, 정위

제87조(신호의 배열)

예제 기둥 하나에 같은 종류의 신호 [ ]을 현시할 때에는 [ ]에 있는 것을 [ ]의 [ ]에 대한 것으로 하고, 순차적으로 [ ]의 선로에 대한 것으로 한다.

정답 2 이상, 맨 위, 맨 왼쪽, 선로, 오른쪽

제89조(신호의 복위)

예제 열차가 [ ]의 설치지점을 통과한 때에는 그 지점을 [ ] [ ]는 신호를 [ ] [ ]는 [ ]를, 그 밖의 신호기는 정지신호를 현시하여야 한다.

정답 상치신호기, 통과한 때마다, 유도신호기, 현시하지 아니하며, 원방신호기, 주의신호,

제90조(임시신호기)

예제 선로의 상태가 일시 정상운전을 할 수 없는 상태인 경우에는 그 [ ]의 [ ] [ ]를 설치하여야 한다.

정답 구역, 바깥 쪽에, 임시신호기

제91조(임시신호기의 종류)

예제 임시신호기 종류에는 [ ], [ ], [ ]가 있다.

정답 서행신호기, 서행예고신호기, 서행해제신호기

제92조(신호현시방식)

예제 [ ]를 그린 [ ]의 현시 방식의 신호기는 서행예고신호기이다.

정답 흑색삼각형 3개, 백색삼각형

제93조(수신호의 현시방법)

예제 적색기가 없을 때에는 [ ] 높이 들거나 또는 [ ] 외의 것을 급히 흔든다.

정답 양팔을, 녹색기

예제 적색기와 녹색기를 모아쥐고 [ ] [ ]는 서행신호이다.

정답 머리 위에, 교차 시

제94조(선로지장 시의 수신호)

예제 지장지점의 외방 [ ] 이상의 지점에 [ ]를 현시하여야 하며, 미리 통고를 하지 못한 때에는 정지수신호 현시지점의 외방 상당한 거리에 [ ] 현시를 위한 [ ]을 장치할 것

정답 200미터, 정지 수신호, 폭음신호, 신호뇌관

예제 열차 고장으로 인하여 도중에 열차가 정지하여 [ ] 할 경우에는 이에 대한 [ ], [ ] 등 상당한 [ ]를 할 것

정답 다른 열차를 정지시켜야, 폭음신호, 정지수신호, 방호조치

제95조(폭음신호)

예제 기상상태로 [ ]를 확인하기 곤란한 경우 또는 [ ]에 열차를 정지시키는 경우에는 [ ]으로 [ ]를 현시하여야 한다.

정답 정지신호, 예고하지 아니한 지점, 신호뇌관의 폭음으로, 정지신호

예제 신호뇌관은 상당한 거리를 두고 [ ] 장치하여야 한다.

정답 2개 이상

제97조(특별신호에 의한 정지신호)

예제 철도차량운전규칙에서 정하는 특수신호는 [ ]와 [ ]가 있다.

정답 폭음신호, 화염신호

제98조(전호현시)

예제 전호기가 설치되어 있지 아니하거나 고장이 난 경우에는 [ ] 또는 [ ]로 현시할 수 있다.

정답 수전호, 무선전화기

제99조(출발전호)

예제 열차를 [   ]시키고자 할 때에는 [   ]를 하여야 한다.

정답 출발, 출발전호

제100조(기적전호)

예제 다음 경우에 기관사는 기적전호를 하여야 한다.

1. [   ]하는 경우
2. [   ]가 발생한 경우

정답 위험을 경고, 비상사태

제101조(입환전호 방법)

예제 오너라 전호는 [   ]를 [   ]로 흔든다.

정답 녹색기, 좌우

예제 가거라 전호는 [   ]를 [   ]로 흔든다.

정답 녹색기, 상 · 하

제103조(열차의 표지)

예제 열차 또는 [   ]인 동력차는 [   ]를 게시하여야 한다.

정답 입환 중, 표지

[국내문헌]

곽정호, 도시철도운영론, 골든벨, 2014.

김경유 · 이항구, 스마트 전기동력 이동수단 개발 및 상용화 전략, 산업연구원, 2015.

김기화, 김현연, 정이섭, 유원연, 철도시스템의 이해, 태영문화사, 2007.

박정수, 도시철도시스템 공학, 북스홀릭, 2019.

박정수, 열차운전취급규정, 북스홀릭, 2019.

박정수, 철도관련법의 해설과 이해, 북스홀릭, 2019.

박정수, 철도차량운전면허 자격시험대비 최종수험서, 북스홀릭, 2019.

박정수, 최신철도교통공학, 2017.

박정수 · 선우영호, 운전이론일반, 철단기, 2017.

박찬배, 철도차량용 견인전동기의 기술 개발 현황. 한국자기학회 학술연구발 표회 논문개요집, 28(1), 14-16. [2], 2018.

박찬배 · 정광우. (2016). 철도차량 추진용 전기기기 기술동향. 전력전자학회지, 21(4), 27-34.

백남욱 · 장경수, 철도공학 용어해설서, 아카데미서적, 2003.

백남욱 · 장경수, 철도차량 핸드북, 1999.

서사범, 철도공학, BG북갤러리 ,2006.

서사범, 철도공학의 이해, 얼과알, 2000.

서울교통공사, 도시철도시스템 일반, 2019.

서울교통공사, 비상시 조치, 2019.

서울교통공사, 전동차구조 및 기능, 2019.

손영진 외 3명, 신편철도차량공학, 2011.

원제무, 대중교통경제론, 보성각, 2003.

원제무, 도시교통론, 박영사, 2009.

원제무 · 박정수 · 서은영, 철도교통계획론, 한국학술정보, 2012.

원제무 · 박정수 · 서은영, 철도교통시스템론, 2010.
이종득, 철도공학개론, 노해, 2007.
이현우 외, 철도운전제어 개발동향 분석 (철도차량 동력장치의 제어방식을 중심으로), 2018.
장승민 · 박준형 · 양진송 · 류경수 · 박정수. (2018). 철도신호시스템의 역사 및 동향분석. 2018.
한국철도학회 학술발표대회논문집, , 46-5276호, 국토연구원, 2008.
한국철도학회, 알기 쉬운 철도용어 해설집, 2008.
한국철도학회, 알기쉬운 철도용어 해설집, 2008.
KORAIL, 운전이론 일반, 2017.
KORAIL, 전동차 구조 및 기능, 2017.

[외국문헌]

Álvaro Jesús López López, Optimising the electrical infrastructure of mass transit systems to improve the
use of regenerative braking, 2016.
C. J. Goodman, Overview of electric railway systems and the calculation of train performance 2006
Canadian Urban Transit Association, Canadian Transit Handbook, 1989.
CHUANG, H.J., 2005. Optimisation of inverter placement for mass rapid transit systems by immune
algorithm. IEE Proceedings -- Electric Power Applications, 152(1), pp. 61-71.
COTO, M., ARBOLEYA, P. and GONZALEZ-MORAN, C., 2013. Optimization approach to unified AC/
DC power flow applied to traction systems with catenary voltage constraints. International Journal of
Electrical Power & Energy Systems, 53(0), pp. 434
DE RUS, G. a nd NOMBELA, G., 2 007. I s I nvestment i n H igh Speed R ail S ocially P rofitable? J ournal of
Transport Economics and Policy, 41(1), pp. 3-23
DOMÍNGUEZ, M., FERNÁNDEZ-CARDADOR, A., CUCALA, P. and BLANQUER, J., 2010. Efficient
design of ATO speed profiles with on board energy storage devices. WIT Transactions on The Built

Environment, 114, pp. 509-520.

EN 50163, 2004. European Standard. Railway Applications－Supply voltages of traction systems.

Hammad Alnuman, Daniel Gladwin and Martin Foster, Electrical Modelling of a DC Railway System with

Multiple Trains.

ITE, Prentice Hall, 1992.

Lang, A.S. and Soberman, R.M., Urban Rail Transit; 9ts Economics and Technology, MIT press, 1964.

Levinson, H.S. and etc, Capacity in Transportation Planning, Transportation Planning Handbook

MARTÍNEZ, I., VITORIANO, B., FERNANDEZ－CARDADOR, A. and CUCALA, A.P., 2007. Statistical dwell

time model for metro lines. WIT Transactions on The Built Environment, 96, pp. 1－10.

MELLITT, B., GOODMAN, C.J. and ARTHURTON, R.I.M., 1978. Simulator for studying operational

and power－supply conditions in rapid－transit railways. Proceedings of the Institution of Electrical

Engineers, 125(4), pp. 298－303

Morris Brenna, Federica Foiadelli, Dario Zaninelli, Electrical Railway Transportation Systems, John Wiley &

Sons, 2018

ÖSTLUND, S., 2012. Electric Railway Traction. Stockholm, Sweden: Royal Institute of Technology.

PROFILLIDIS, V.A., 2006. Railway Management and Engineering. Ashgate Publishing Limited.

SCHAFER, A. and VICTOR, D.G., 2000. The future mobility of the world population. Transportation

Research Part A: Policy and Practice, 34(3), pp. 171-205. · Moshe Givoni, Development and Impact of

the Modern High－Speed Train: A review, Transport Reciewsm Vol. 26, 2006.

SIEMENS, Rail Electrification, 2018.

Steve Taranovich, Electric rail traction systems need specialized power management, 2018

Vuchic, Vukan R., Urban Public Transportation Systems and Technology, Pretice-Hall Inc., 1981.

W. F. Skene, Mcgraw Electric Railway Manual, 2017

[웹사이트]

한국철도공사 http://www.korail.com

서울교통공사 http://www.seoulmetro.co.kr

한국철도기술연구원 http://www.krii.re.kr

한국개발연구원 http://www.kdi.re.kr

한국교통연구원 http://www.koti.re.kr

서울시정개발연구원 http://www.sdi.re.kr

한국철도시설공단 http://www.kr.or.kr

국토교통부: http://www.moct.go.kr/

법제처: http://www.moleg.go.kr/

서울시청: http://www.seoul.go.kr/

일본 국토교통성 도로국: http://www.mlit.go.jp/road

국토교통통계누리: http://www.stat.mltm.go.kr

통계청: http://www.kostat.go.kr

JR동일본철도 주식회사 https://www.jreast.co.jp/kr/

철도기술웹사이트 http://www.railway-technical.com/trains/

색인

A~Z

ㄱ

ㄷ

ㅈ

ㅊ

저자소개

원제무

원제무 교수는 한양 공대와 서울대 환경대학원을 거쳐 미국 MIT에서 교통공학 박사학위를 받고, KAIST 도시교통연구본부장, 서울시립대 교수와 한양대 도시대학원장을 역임한 바 있다. 도시교통론, 대중교통론, 도시철도론, 철도정책론 등에 관한 연구와 강의를 진행해 오고 있다. 최근에는 김포대 철도경영과 석좌교수로서 전동차 구조 및 기능, 철도운전이론, 철도관련법 등을 강의하고 있다.

서은영

서은영 교수는 한양대 경영학과, 한양대 공학대학원 도시SOC계획 석사학위를 받은 후. 한양대 도시대학원에서 '고속철도개통 전후의 역세권 주변 토지 용도별 지가 변화 특성에 미치는 영향 요인분석'으로 도시공학박사를 취득하였다. 그동안 철도정책, 도시철도시스템, 철도관련법, SOC개발론, 도시부동산투자금융 등에도 관심을 가지고 연구논문을 발표해 오고 있다.
현재 김포대학교 철도경영과 학과장으로 철도정책, 철도관련법, 도시철도시스템, 철도경영, 서비스 브랜드 마케팅 등의 과목을 강의하고 있다.

철도차량운전규칙

초판발행 2021년 3월 30일

지은이 원제무 · 서은영
펴낸이 안종만 · 안상준

편　집 전채린
기획/마케팅 이후근
표지디자인 조아라
제　작 고철민 · 조영환

펴낸곳 (주) 박영사
서울특별시 금천구 가산디지털2로 53, 210호(가산동, 한라시그마밸리)
등록 1959. 3. 11. 제300-1959-1호(倫)
전　화 02)733-6771
f a x 02)736-4818
e-mail pys@pybook.co.kr
homepage www.pybook.co.kr
ISBN 979-11-303-1219-4 93550

정　가 20,000원